干旱半干旱典型灌区耗水机理研究

孙艳伟　著

U0232447

科学出版社

北京

内 容 简 介

本书在吸收前人研究成果的基础上，针对灌区耗水系数研究中存在的问题，构建分布式水文模型，获取了引排水条件的水平衡要素，为合理灌溉、科学布局种植结构、提高用水效率方面提供科学的参考依据。本书涉及气象学、水文学、农业水利工程等多学科的理论与方法的应用研究，揭示了我国西北内陆干旱区的耗水机理，并为相关研究提供分析思路及参考。

本书可供水文水资源、水生态、农业水土工程、水利工程、地理、资源及有关专业科技工作者和管理人员使用，也可供大专院校相关专业师生参考阅读。

图书在版编目（CIP）数据

干旱半干旱典型灌区耗水机理研究 / 孙艳伟著. —北京：科学出版社，2018.12

ISBN 978-7-03-060118-6

Ⅰ. ①干… Ⅱ. ①孙… Ⅲ. ①干旱区-灌溉-需水量-研究 Ⅳ. ①S275

中国版本图书馆 CIP 数据核字(2018)第 291848 号

责任编辑：韦　沁 / 责任校对：张小霞
责任印制：张　伟 / 封面设计：北京东方人华科技有限公司

科 学 出 版 社 出版

北京东黄城根北街 16 号
邮政编码：100717
http://www.sciencep.com

北京九州迅驰传媒文化有限公司 印刷

科学出版社发行　各地新华书店经销

*

2018 年 12 月第　一　版　开本：787×1092　1/16
2018 年 12 月第一次印刷　印张：7
字数：201 000

定价：89.00 元
（如有印刷质量问题，我社负责调换）

前　言

随着社会经济的迅速发展，黄河流域水资源供需矛盾日益突出，已成为流域经济社会健康发展的主要瓶颈。但同时用水效率低、水污染严重、挤占生态用水和超采地下水问题极为严重，严峻的水资源情势是全社会日益重视黄河流域水资源的开发利用和调度配置。近年来，不少学者采用原型观测、物理模型和数值模拟等方法，从不同的时空尺度，对水资源取用过程中的损失途径、消耗驱动因素及空间异质性对耗水量的影响等开展了广泛的研究，在水量消耗模型、水资源利用效率等方面取得了许多重要成果，但从流域资源管理角度对水量消耗内涵的理解和耗水评价的方法等尚未达成共识。

本书在对灌区耗水量研究现状分析的基础上，采用基于物理机制的 SWAT 模型来模拟灌区的耗水量及水量转化关系，并将其分别运用于引黄灌区的景电灌区和大峡渠灌区，并分别从典型地块和整个灌区的角度来揭示灌区耗水量及耗水系数的不同，从而为灌区的水资源高效利用及节约用水提供理论依据。

第一章系统地阐述了国内外耗水机理的研究现状和发展历程，并着重从灌区耗水量、灌区农业耗水量、灌区水循环以及引黄灌区耗水量的计算方面进行了阐述，详细分析了这些理论的科学内涵和形成机理，为灌区耗水量计算模型的建立奠定了基础。

第二章针对 SWAT 在灌区水循环中的应用现状，从土壤水平衡、灌溉、蒸散发模型、土壤水计算模型、地下径流和作物产量模拟几个方面论述了 SWAT 模型的物理及水文基础。

第三章以甘肃省景电灌区为例，叙述了景电灌区灌溉试验站的概况及监测方案，从降雨量、灌溉水量和土壤含水率几个方面进行了水平衡要素分析，在获取水文气象数据、地表高程信息、土地利用信息和土壤信息的基础上，利用 SWAT 构建了基于水量平衡的灌区耗水量计算模型，模型充分考虑了空间离散、水文响应功能、作物参数的调整以及黄河引水量等要素，在对模型进行验证后，将模型应用于景电灌区。

第四章以青海省大峡渠渠灌区为例，叙述了大峡渠渠灌区典型地块的概况及监测方案，从降雨量、灌溉水量和土壤含水率几个方面进行了水平衡要素分析，在获取水文气象数据、地表高程信息、土地利用信息和土壤信息的基础上，利用 SWAT 构建了基于水量平衡的灌区耗水量计算模型，模型充分考虑了空间离散、水文响应功能、作物参数的调整以及黄河引水量等要素，在对模型进行验证后，将模型应用于大峡渠渠灌区。

第五章为结论部分，对本书的主要研究结果进行了总结，并提出未来该项研究仍需改进和完善的方向。

本书取得的主要成果如下：

（1）对于景电灌区而言，除直滩所和海子滩外，蒸腾蒸发量占灌溉水量的比例位于

75%~80%，表明灌溉水量有 75%~80%用于作物消耗，而 20%～25%直接用于下渗或形成地表径流，降雨对于作物生长的作用有限，主要用于通过入渗进而补给地下水。

（2）对于景电灌区而言，灌溉水入渗是地下水补给的主要来源，因此，在灌溉季节，地下水位明显上升，下渗水量占灌溉水量的 60%~70%，深层渗漏量约占灌溉水量的 20%，而这也从另外一个角度表明灌区的灌溉水量偏大，从而造成大量的灌溉水入渗，地下水位升高，灌溉水利用率较低。

（3）对于耗水量的分析，分别从作物可吸收利用的角度及整个灌区管理的角度出发进行分析。从作物可吸收利用及作物耗水的角度而言，只有进入到田间地块的水才可被利用，而灌区的地表退水对作物的吸收利用不起任何作用；从整个灌区管理的角度出发，综合考虑地表退水的因素，可为灌区水资源管理提供理论依据；在此基础上，进一步考虑降水量在作物耗水量中的作用，并按照降水量占进入到田间所有水量的比例扣除降水所导致的蒸腾蒸发量。大峡渠计算结果表明，从进入到田间水量的角度出发，扣除地表退水后，在不扣除降水量和扣除降水量后的耗水系数分别为 0.731 和 0.484；而从全部引水量的角度出发，耗水系数分别为 0.279 和 0.185。

（4）对影响灌区耗水系数的因素进行分析表明，当灌区采用充分灌溉时，其作物蒸腾蒸发量变化不大，影响耗水系数最主要的原因为进入到田间地块的水量，当进入到田间地块水量较多时，则多余的水通过入渗等形式补给地下水；以大峡渠灌区为例，进入田间地块的水量为 2166.03 亿 m^3，而作物消耗的水量仅为 1671.546 亿 m^3，其余部分均补给地下水或者排泄给河流；虽然从耗水量的角度而言，该部分水最终会回归黄河，但是，该部分水并不能为作物所利用吸收，属无效引水。因此，从作物利用效率的角度而言，可以减少引水量。

本书参考和引用了大量国内外学者的研究成果，并且得到了黄河水利委员会水文局周鸿文教授级高工和刘东旭高工的大力支持和技术指导，在此表示感谢。另外，本书的出版得到了国家重点研发计划水资源“水资源高效开发利用”（2017YFC0403600）和国家自然科学基金（41401038、51279064 和 51579102）的资助。

由于灌区耗水机理的研究涉及水文学、土壤学、地理学等多个学科，加之编者学术水平有限，书中的错误和疏漏之处在所难免，恳请读者批评指正，提出宝贵意见。

作　者

2018 年 6 月

目　　录

第一章　绪　　论

1.1　引　　言

　　众所周知，我国是一个水资源地区分布不均的国家，如地处我国北方的黄河流域，人均水资源占有量仅为全国人均的 1/4，耕地亩均水量不足全国的 1/5。水资源既存在总量上的匮缺，也有区域间的不均衡（蒋任飞，2007）。欲实现黄河水资源的可持续利用，合理配置有限的水资源，黄河流域大型灌区具有举足轻重的地位（朱延华，1997；李想和刘晓岩，2008；杨立彬等，2011；薛松贵和张会岩，2011；胡士辉等，2012）。但目前黄河水资源管理的基础工作还很薄弱，尤其是在灌区用水管理上，存在耗水机理不清、区域计算水量不平衡等许多问题（张学成，2005；翟浩辉，2001；岳卫峰等，2011；彭少明等，2017）。鉴于此，选择重点引黄灌区，进一步深化研究灌区水循环机制和耗水机理，把握引黄灌区的耗水、用水规律和水平衡机制，是管好、用好黄河水资源的重要环节，对科学确定流域水资源承载能力、合理调整流域产业结构、加强黄河水资源统一管理、有效配置和高效利用有限的黄河水资源具有重要现实意义（翟浩辉，2001；张学成等，2005；张学成，2006；岳卫峰等，2011；彭少明等，2017）。

　　一切水问题的解决都必须以水循环为基础，而耗水是水循环过程中最重要的一个环节（崔远来和熊佳，2009；刘春成等，2013；魏子涵等，2015）。随着人类不断对自然界的改造，原有的水循环系统运动规律和转化机制被破坏，影响了区域的径流、蒸发等水平衡要素间的关系，改变了区域水平衡构成，影响了系统内各平衡要素的计算以及相互间的转化关系，使得区域水循环机制和耗水机理更加复杂（李金标等，2008；马欢，2011；冯东溥，2013；李鹏，2014；姜鹏等，2014；赵超等，2018）。因此，在天然和人工两类因素作用的影响下，弄清楚区域水的循环机制、各个耗水类型的耗水机理以及水在循环过程中的消耗量是深刻剖析复杂水循环的基础，是实现区域水资源的优化配置、高效利用和有效保护，以水资源的可持续利用来支撑国民经济社会的可持续发展的前提条件（蒋任飞，2007）。

　　基于此，选择位于干旱半干旱区的景电灌区和大峡渠灌区，进一步深化研究区域水平衡机制和耗水机理，并在灌区耗水量研究现状分析的基础上，采用基于物理机制的 SWAT（Soil and Water Assessment Tool）模型研究各要素间的相互关系，分析引黄灌区农业耗水的耗水规律，提出基于整个农业供用水系统水量平衡的区域尺度耗水量计算方法，进而计算重点灌区农业耗水量。这不仅对于弄清黄河流域用水状况，加强黄河水资源管理，实现黄河水资源的可持续利用具有重要的现实意义和广阔的生产应用前景，而且通过本研究可以提高引黄灌区水平衡研究水平，促进区域尺度的水循环研究，具有重要的理论研究意义。

1.2 国内外研究进展

1.2.1 灌区耗水量

对区域耗水量的概念，目前国外分为有益耗水量和无益耗水量（董斌等，2002）。有益耗水量指水分的消耗能产生一定效益，如农业用水的消耗能产生粮食、环境用水能改善生态环境等，无益耗水量指水分的消耗不能产生效益或产生负效益，如涝渍地上的水分蒸发、深层渗漏的水进入咸水含水层等。在国内分为用水耗水量和非用水耗水量，用水耗水量是指毛用水量在输水-用水过程中，通过蒸发、土壤吸收、产品带走、居民和牲畜饮用等多种途径消耗掉而不能回归到地表水体或地下含水层的水量。非用水耗水量是指河道、湖泊、水库等地表水体的蒸发量（含水面蒸发与土壤浸润蒸发和地下水的潜水蒸发量），而对于灌区耗水量的概念，由于研究对象和目的不同差异较大（肖素君等，2002；邢大韦等，2006；蔡明科等，2007；周志轩，2009；蒋任飞和阮本清，2010a，2010b；周志轩等，2010；吕文星等，2015；周鸿文等，2015；汪洋和安沙舟，2018）。张永勤（2001）在南京地区农业耗水量估算时，认为农业用水仅指农业生产用水，不包括农村生活及牲畜用水，故农业耗水量就是农田蒸散发量。王少丽和 Randin（2000）在用相关分析法进行河北雄县水量平衡分析计算时，将耕地、非耕地的腾发量、农村人畜用水量以及农村工副业用水量均纳入了灌区耗水量计算的范畴。肖素君等（2002）研究沿黄省区耗用黄河水量时，从河道耗水的角度提出了耗水量的概念，即从河道引出的水量与该水量回归原河道的水量之差，其定量表达式为灌区作物蒸腾蒸发量、地面水蒸发量、田间入渗量及渠体入渗量之和。秦大庸等（2003）在宁夏引黄灌区耗水量及水均衡模拟计算中，认为耗水量包括作物耗水量、潜水蒸发量和水面蒸发量。

通过以上研究可以看出目前灌区耗水量的概念，仅是从某种研究对象或某种研究目的出发而提出的，这对于多种水源联合利用，且用水对象呈多元化的灌区有一定的局限性，主要体现在：①没有从灌区水循环的角度出发，同时考虑地表水和地下水联合供水，不利于灌区水资源利用效率的提高；②对灌区耗水对象和耗水过程考虑不够全面或仅考虑了农田灌溉耗水，而没有考虑灌区内其他工副业或生活耗水，或仅考虑了用水环节中水量消耗，而忽略了输水过程中的水量消耗。

耗水量的研究是界定灌区耗水量概念的基础。根据现代化灌区的功能，从灌区水量转化的角度来说，灌区耗水量可定义为：灌区供水量（地表水和地下水）在输水、用水和非用水过程中消耗掉而不能回归到地表水体和地下含水层中的水量。灌区水量消耗既产生于输水、供水、用水的各个环节，又存在于非用水的环节，因此应全面考虑灌区耗水对象及耗水机理（赵凤伟等，2006）。

灌区耗水量应包括用水耗水量和非用水耗水量两部分。灌区用水耗水量指毛用水量在输水、用水过程中通过蒸腾蒸发、土壤吸收、产品带走、居民和牲畜饮用等途径消耗掉而不能回到地表水体和地下含水层中的水量。按用水对象可分为：①农业用水耗水量，包括农田灌溉耗水量和林牧渔业耗水量；农田灌溉耗水量指作物蒸腾、棵间蒸发、渠系水面蒸发和浸润损失等水量；林牧渔业耗水量指果树、苗圃、济林耗水量及鱼塘补水耗水量。②工副业耗水量指灌区内工副业用水的输水损失和生产过程中的蒸发损失及产品带走的水量和厂区内的生活耗水量等。③居民生活耗水量主要为农村居民生活用水和牲畜用水消耗量。灌区非用水消耗量指的是灌区内河道、池塘、湖泊、水库等地表水体的蒸发损失量和地下潜水蒸发量。

1.2.2 灌区农业耗水量研究进展

由于研究的对象和目的不同，区域耗水量有着不同的含义，因而其计算方法也存在差异。除此之外，区域耗水量分类差异或研究角度不同，并且各耗水类型的耗水机理也是不尽相同，本研究针对区域耗水类型中的农业耗水详述目前其耗水研究进展。

我国是一个农业大国，农业是我国经济的命脉，其用水消耗占我国总用水消耗的80%以上，而我国同时又是一个相对缺水的国家，因此对于农业耗水的研究我国学者给予高度重视，从很早就开始了研究（牛文臣等，1992；贾大林和姜文来，2000；张永勤等，2001；张明生等，2005）。在此，农业耗水是指农作物在土壤水分适宜、生长正常、产量水平均较高条件下的棵间土壤（或水面）蒸发量、植株蒸腾量、植物表面蒸发量及组成植物体、消耗于光合作用等生理过程所需水量之和，而植物表面蒸发量和构建植物体、消耗于光合作用等生理过程所需水量占农作物总好水量的比例很小，在实际计算中通常是忽略不计，因此，可用农作物棵间土壤（或水面）蒸发量和植株蒸腾量，即作物腾发量来近似表示农田作物耗水量。计算作物腾发量的方法很多，目前常见的分类为水文学法、微气象学法、经验公式法、遥感方法以及 SPAC 综合模拟法，其中水文学法包括水量平衡法、水分通量法和蒸渗仪法（吴炳方和邵建华，2006；高海东等，2012；闫浩芳等，2014；Valipour，2017；Beguería and Vicente-Serrano，2017；Yang et al.，2017；Khoshravesh et al.，2017；Anderson et al.，2017；Feng et al.，2107；Jiang and Weng，2017；Fisher et al.，2017；López et al.，2017；王林林等，2017；Oweis et al.，2018）；微气象学法包括能量平衡-空气动力学法、波文比-能量平衡法、空气动力学法、涡度相关法以及各种根据微气象因子模拟研究方法（蒋任飞，2007）。

1.2.2.1 水文法

水文法包括水量平衡法、水分通量法和蒸渗仪法

（1）水量平衡法基于水量守恒原理，通过计算研究区内水量的收入支出差额来推求蒸散量。即通过测定研究区内的降雨量（P）、灌溉量、地表径流量（R）、土壤含水蓄变

量（ΔW）、根区深层渗漏量（D_p）以及地下水对作物根区的补给量（G）后估算时段内的作物腾发量（ET）。

$$ET=P+I+G-R-D_p-\Delta W \tag{1.1}$$

该方法虽然不受气象条件的限制，测定的空间相对灵活，但是时间相对较长，难以反映作物蒸散的日或小时动态变化规律。而且由于取决于水量平衡各分量的测定精度，测定结果的误差可能是各分量测量误差的累计，所以不易得到精确的结果。不过该方法适用范围广、历史悠久，早在 20 世纪 50 年代苏联学者就提出了水量平衡法，我国很多学者利用该方法测定了农田作物腾发量。牛文臣等（1992）综合分析各种典型区灌溉试验资料的基础上，提出用区域水量平衡法估算农业用水量是符合实际且简便可行的方法。郝芳华等（2008）针对引黄灌区所面临的水资源问题及灌溉引起的环境问题，以内蒙古河套灌区为研究对象，从灌溉引水、用水、排水之间的转化关系为切入点，以地表水、土壤水和地下水之间的水量平衡理论为基础，定量研究了河套灌区在人类影响条件下的水循环特征。蒋仁飞（2010b）对以往灌区耗水量计算方法的不足和灌区水循环机制的特点，建立了基于四水（大气水、地表水、土壤水、地下水）转化的灌区耗水量计算模型，并应用该模型可计算灌区各耗水类型的耗水量，并能对灌区各水均衡模块之间的水量交换进行分析计算。

（2）蒸渗仪（lysimeter）应用水量平衡原理，在水文循环中测定或推求下渗、径流、潜水蒸发量及作物蒸腾蒸发量等要素的变化过程，该装置可以研究地下水蒸发过程及作物耗水规律，测定土壤水入渗补给量或渗漏量，研究土壤水量平衡和地下水补给；可以测定土壤水中溶质化学成分含量，研究化肥农药对土壤水和地下水的影响及其在 SPAC 系统中运移、转化规律。近 10 年来，随着经济发展和科技进步，蒸渗仪的研究和应用已经趋于技术化、信息化和自动化，其性能上有很大的提高。蒸渗仪法目前应用的蒸渗仪主要有渗漏型和称重型两种，该方法在农田蒸散研究中有效的实测方法，其实测结果往往用于其他方法的验证（王怡宁和朱月灵，2018）。国内外很多学者利用蒸渗仪进行农田蒸散研究（刘士平等，2000；孙宏勇等，2002；葛帆和王钊，2004；强小嫚等，2009；陈建耀和吴凯 2009；季辰等，2016；Hipolito et al.，2018；Teuling，2018；Doležal et al.，2018；Kun et al.，2018；王怡宁和朱月灵，2018；许成成等，2018）。在我国，杨宪龙等（2017）以陕北风沙土为研究对象，比较了微型蒸渗仪高度（10cm、15cm、20cm 和 25cm）、内径（10cm 和 15cm）和封底材料（薄铁皮和细纱布）对土壤蒸发测定结果的影响。吴辰等（2017）以大型称重式蒸渗仪系统的实测农田蒸散量数据为基础，分别从年、月、日和生长季 4 个尺度分析长武塬区农田蒸散量的变化特征，采用相关分析和主成分分析法探究其影响因素，建立实测蒸散与影响因素之间的定量关系。

（3）水分运动通量法是基于土壤水分运动的势能，结合土壤物理状况来研究农田蒸散的一种方法，包括零通量法和定位通量法。零通量面法是利用零通量面存在时段计算土壤水分腾发量的方法。刘昌明等（2009）曾对土壤水零通量面及其变化规律、水量转换等进行了试验分析研究。胡安焱等（2006）选择不同水位埋深、不同作物类型的土壤剖面对计算公式进行了验证，结果表明，零通量面法计算土壤水分腾发量精度较高，简单易行，其方法适用于计算潜水埋深在 3～10m 的干旱半干旱的平原地区计算土壤水分腾发量。

1.2.2.2　能量平衡-空气动力学综合法

在能量平衡-空气动力学综合法中，彭曼公式是应用最为广泛的一种。由于该方法将蒸发所需的热能、水及水蒸气运动的动能以及接触层的蒸散发阻力等因素均考虑在内，因此在国内外的研究中均得到了广泛的应用（Edwards et al., 1984；Allen et al., 2006；Djaman et al., 2017；Obada et al., 2017；Raoufi and Beighley, 2017）。

我国学者对此也进行了大量的研究。闵骞（2001）以彭曼公式为基础，建立月、旬水面蒸发量预测模型，将彭曼公式进行分解，分别建立月、旬水面辐射平衡（R）、空气干燥力（E_a）的预测模式，并利用江西省都昌蒸发实验站实测资料，确定各模型中的参数，取得月、旬水面蒸发量预测公式，并对此公式进行模拟检验和应用检验；葛建坤等（2009）分析了彭曼公式在大棚内的失效性，引入了大棚内修正风速项彭曼公式以及 BP 神经网络模型，并利用在湖北省鄂州节水示范基地获得的试验资料，采用上述 3 种方法对滴灌大棚茄子需水量进行数值模拟与比较分析。分析结果表明，大棚环境内，彭曼公式误差较大，具有失效性；大棚内修正彭曼公式实用性较好。孙静等（2006）根据 1998年 FAO 修正彭曼-蒙特斯公式，利用宁夏引黄灌区 8 个气象站近 50 多年的气象资料，计算了各气象站逐月的参考作物蒸发蒸腾量 ET0、各气象因子的长期变化趋势和各气象因子与 ET0 的相关系数.分析了 ET0 空间分布特征、年内分布特征和年际变化特征。

1.2.2.3　波文比-能量平衡法

波文比-能量平衡法简称波文比法，即 BREB 法，是 Bowen 在 1926 年以下垫面的水热交换为基础，根据能量平衡原理提出的算法，即某一界面上感热通量与潜热通量的比值，用公式表示为

$$\beta = \frac{H}{LE} = \frac{\rho_a C_p K_h \dfrac{\Delta \theta}{\Delta Z}}{\rho_a L K_w \dfrac{\Delta q}{\Delta Z}} \tag{1.2}$$

根据莫宁-奥布霍夫（Monin-Obukhov）相似理论，热量和水汽的湍流交换系数相等，即 $K_h = K_w$，可得到

$$\beta = \frac{C_p}{L} \frac{\Delta \theta}{\Delta Z} = \gamma \frac{\Delta T}{\Delta e} \tag{1.3}$$

式中，γ 为干湿表常数；Δe 为两个不同观测层的水汽压差；ΔT 为实测温差。

根据式（1.2）和式（1.3），就可以推算出作物的腾发量。该方法物理概念明确、计算简单，对大气层没有特别的要求和限制，因此得到了广泛的应用（Blad and Rosenberg，

1974；Spittlehouse and Black，1980；Malek and Bingham，1993；Hartog *et al.*，1994；Todd *et al.*，2000）。黄小涛等（2017）基于 HL20 波文比系统获得了天山北坡低山丘陵干草原 2013～2015 年的能量、气象观测数据，采用波文比-能量平衡法对其生长季（4～10 月）蒸散特征进行了分析。黄妙芬（2001）对波文比能量平衡法在绿洲荒漠交界处的适用性从气候学角度进行分析。结果表明，波文比-能量平衡法在干旱区绿洲的平衡层内是适用的，在平衡层外及荒漠上空却失效。因而，应用波文比-能量平衡法估算绿洲上的蒸发与显热时，测点的位置是至关重要的。杨兴国等（2004）采用波文比-能量平衡法和蒸渗计对农田蒸散量进行了为期 3 年的对比观测试验。结果表明，在半干旱雨养农业区，两者测算的农田蒸散量平均偏差为 20%，波文比-能量平衡法计算值大于蒸渗计实测值，基本满足精度要求。

波文比法可以分析蒸散与太阳净辐射的关系，揭示不同地带蒸散的特点及主要影响因子变化对蒸散的作用。由于该方法是在假定空气动量扩散系数、热量扩散系数和水汽湍流扩散系数相等条件下产生的，所以，只有在开阔、均一的下垫面情况下，才能保证较高的精度，在平流逆温和非均匀的平流条件下，该方法测量结果会产生极大的误差。

1.2.2.4 空气动力学法

空气动力学方法是由 Thornthwaise 和 Holzwan 于 1939 年基于地面边界层梯度扩散理论首次提出的。认为：近地面层温度、水气压和风速等各种物理属性的垂直梯度，受大气传导性制约，可根据温度、湿度和风速的梯度及廓线方程，可用不同的积分公式求解出农田上的蒸发潜热和显热通量。计算公式为

$$ET = \frac{\rho_a \varepsilon K^2 (u_2 - u_1)}{P_a \ln\left(\dfrac{Z_2}{Z_1}\right)} \qquad (1.4)$$

式中，ET 为蒸散强度；ρ_a 为 Z_2 空气密度；Z_2 为水的分子量与空气的分子量之比；P_a 为大气压强；e_1 和 e_2 分别为对应与离地面高度为 Z_1 和 Z_2 处的水汽压；u_1 和 u_2 分别为对应于离地面高度为为 Z_1 和 Z_2 处的平均风速；K 为 Von Kaman 常数。

该方法与其他微气象方法一样，对下垫面及气体稳定度要求严格，只有在湍流涡度尺度比梯度差异的空间尺度小得多的条件下，梯度扩散理论才能成立。故在平流逆温的非均匀下垫面、粗糙度很大的植物覆盖以及在植物冠层内部情况下，该理论不适用。因此，该方法很难在实际工作中得到推广应用。且对观测场要求很严格，因而使用范围受到限制。

1.2.2.5 SPAC 综合法

土壤-植物-大气连续体（Soil Plant Atmosphere Continuum，SPAC）是由著名的澳大

利亚学者 Philip 在 1966 年提出来的。该方法应用系统分析方法，结合土壤水动力学、微气象学和植物生理学原理描述和模拟了水分从土壤经植物体到大气的传输过程，形成一个统一的、动态的、连续的、相互反馈的系统，是一个精准计算作物腾发量的方法。SPAC 系统分为 3 个层次，即位于参考高度处的大气层、被简化为一个层面的位于动量传输汇处的植物冠层和土壤层，因此，作物的蒸散过程与土壤水分状况、作物生长状况以及大气环境因子有着密切的联系。

基于 SPAC 水分传输理论，模拟计算作物腾发量，已成为进行蒸散估计研究的重要途径。国内外许多学者对 SPAC 系统的模拟进行了深入研究。刘昌明（1999）、康绍忠（1994）等先后对 SPAC 系统中的水分传输和作物蒸散过程进行了模拟研究，并应用实测资料进行了验证，得到很好的结果。丛振涛等（2004）基于 SPAC 理论，从能量平衡方程与空气动力学方程出发，提出了根据气象条件、作物长势与土壤表面温湿度估计田间腾发量的计算模式。该方法假定作物叶片表面饱和并进行线性化处理，同时给出土壤表面水汽压的经验表达，通过冠层模型的求解可以分别计算出作物蒸腾量、棵间蒸发量与腾发量，并利用土壤水分运动数值计算的结果验证了该方法的可靠性。吴友杰（2017）研究了覆膜灌溉条件下农田土壤-植物-大气连续体（SPAC）水分循环的机理，分析覆膜条件下土壤水分的传输和转化及作物水吸收利用过程。毛晓敏等（1998）在叶尔羌灌区建立了冬小麦生育期土壤-植物-大气连续体（SPAC）的水热迁移和转化模型，模拟了作物蒸散发的动态变化过程。罗毅等（2001）建立了 SPAC 系统中的水、热、CO_2 通量与光合作用的综合模型，并采用禹城综合试验站 1999 年冬小麦田间的实测资料，对模型的蒸发蒸腾、CO_2 通量、土壤水分动态的模拟进行了验证。

由于 SPAC 系统统一了能量关系，对分析和研究作物蒸散、水分的运移和能量的转化提供了方便。但是作物在 SPAC 系统中受太阳辐射、大气温度、CO_2 浓度、土壤水分及养分等诸多因素影响，使得精确描述 SPAC 系统水分传输非常复杂，在实际应用中，特别是区域尺度上的水分转化和消耗中，还有待进一步研究。

1.2.2.6　遥感法

传统估算作物蒸散量的方法都是以点的观测为基础的，由于下垫面物理特性和几何结构的水平非均匀性。一般很难在大面积区域推广应用。遥感方法主要是根据热量平衡余项模式求取蒸散量，它利用热红外遥感来获取的表面温度和地表光谱及反射率等参数，并结合辐射资料推算区域潜热通量与蒸散量。由于具有多时相、多光谱等特征，更能够综合反映下垫面的几何结构和物理性质。

通过遥感方法获取能量界面的净辐射量和表面温度，并以作物光谱去的生态参数信息、气候参数，先后建立了经验或统计模型、物理分析模型和数值模型来估算不同时间和空间尺度的蒸散发量，具有广泛的应用前景。但在目前区域上，特别是在下垫面比较复杂的区域，其精度往往达不到实际要求（司建华等，2005）。

1.2.3 灌区耗水机理及水循环

1.2.3.1 灌区水循环的特点

人工控制水资源在区域内的运动和分配，包括人工引水、输水、用水、排水与自然大气降水，经植被冠截留、地表洼地蓄留、地表径流、蒸发蒸腾、入渗、壤中径流和地下径流等迁移转化过程彼此联系、相互作用、相互影响，形成鲜明的自然-人工复合水循环系统，其特点表现为：①灌区中人类活动频繁，强烈的人类活动改变了灌区天然水循环过程。其表现特征为地表水经主干渠道进入分支渠道，以农田为排泄区，而不同于天然产汇流和天然径流通过支流汇集水分到干流，以湖泊或海洋为排泄终点的逆汇流过程，此后一部分地表水经过转化后通过分支排沟汇集到主干排沟后进入河道，最后重新进入自然循环过程。②人工灌溉-蒸散过程成为重要的水文过程，与此同时，工业、生活、生态等人工水循环系统在整个水循环机制中也处于不能忽视的地位。人工取用排水所形成的以"取水-输水-排水-回归"为基本环节过程尤其在降水较少的干旱半干旱地区已起到主导作用，自然产汇流水循环过程处于次要地位。③水循环结构和参数特性发生了变化。土壤含水率、地下水位的变化与灌溉息息相关。灌区用水制度、种植结构、灌溉面积、引排水沟布置及深度等要素对区域蒸发入渗、产流汇流、地表水、土壤水和地下水相互转化关系产生重要影响。概括而言，灌区水循环系统整体表现三大效应：①是循环尺度变化，主要表现区域大循环减弱，局地小循环增强；②是水循环输出方式变化，主要表现为水平径流输出减弱，垂向蒸散发输出增强；③是降水的转化配比发生了变化，具体表现为区域径流性水资源减少，而有效利用的水分增加。

1.2.3.2 灌区水循环研究进展

黄晓荣（2010）对灌区水循环的模拟进展进行了综述。就水循环模拟而言，与采用基于经验与黑箱方法的及总是水文模型相比较，分布式水文模型在理论上的深化与应用上的广阔前景显示了其优越性。但目前大多数分布式水文模型主要侧重于产汇流机制方面的研究，以流域作为研究区域，最终径流量成为关键的模拟结果与校验对象。针对农业灌区，尤其是在干旱半干旱地区，人工灌溉和蒸散发过程已经取代产汇流过程，成为区域核心的水文过程，因此，土壤墒情变化和地下水埋深成为模型首要关注的目标。虽然模型如 SHE、SWAT、TOPMODEI 等，都不同程度上考虑土壤水渗流和地下水之间的相互作用，但只是作为产汇流的辅助成分，在地下水与河水之间的水量交换以及非饱和带土壤水与地下水之间的频繁转换方面进行了较多的简化处理，在应用于灌区的水循环研究还存在一定的局限性。

此外，分布式水文模型随着理论上的深化却带来了应用上的难度。主要理论上所需要的资料和数据非常多而且精度要求高，模型输入较难获得，参数的确定和率定十分复杂，同时还存在异参同效、结果难以检验和计算负担大等问题。其根本原因在于分布式水文模型中数学物理方程的非线性和流域地形地貌特征及气象强迫的不均匀性所导致的模型应用尺度与方程适用尺度之间的不匹配。这些瓶颈一定程度上限制了分布式水文模型的广泛应用。基于上述考虑,将系统水文学方法与物理水文学方法结合的分布式水文模型,将自然-人工水循环系统有机耦合的分布式水文模型等研究,国内学者做了大量富有成效的探索性研究。

综合国内外研究动态,灌区水循环模拟研究未来发展呈以下倾向:①进一步寻求天然水循环与人工侧支水循环的耦合模拟,克服目前大多数分布式水文模型在产汇流计算中被动体现给定取用水条件,对灌区水循环的部分水文过程描述尚不够细致,尚未充分考虑灌区水循环与水资源调配之间的交互影响等不足;②加强灌区水循环全要素过程的动态模拟,尤其是非饱和带土壤水与地下水的模拟、地下水与河水的水量交换模拟、灌区水循环伴随的物质运移过程模拟;③综合运用统计学方法、微观物理学理论、现场实验观测和卫星遥感实验观测等手段;④基于实用性和灌区资料不足的考虑,将系统水文学方法与物理水文学方法结合的分布式水文模型研究,也是一个值得探索的途径。

1.2.4 引黄灌区耗水量的计算

1)河段差法

河段差法也可称为节点控制法,其基本依据是黄河水利委员会上中游水文局控制的上下游测站资料,即利用入境水文测站和出境水文测站)实测资料以及区间的汇入、调出水量等资料,根据水平衡原理来分析和计算宁夏耗用的黄河水量。其计算公式为:耗用黄河水量=入境水量+区间来水量−出境水量−外调水量。这一方法有几个因素不容易控制,其一是由于黄河上游的年均来水量较大,当控制断面的构造比较复杂时,测量误差不好控制;其二是在干旱地区,当引用外来灌溉水量很大,灌区地下水埋深较浅时,如何考虑和计算降水量的作用;其三是由于入境水文测站(下河沿站)所测得的仅是其控制断面的黄河径流量,而该控制断面的地下侧向径流量则无法测定。

2)引排差法

引排差法比河段差法有较大的改进,测量精度也有所提高。该方法是通过对所有引水干渠全面监测和对主要排水沟(大约占70%~90%的排水量)进行驻测、巡测,对于漏测部分利用邻近排水沟排水模数进行插补计算,从而能计算出控制区域内的引水量、耗水量和排水量。这一方法的不足之处,一是排水沟排水量测量的精度不容易保证;二是排水沟的排水量组成较为复杂,并非完全是引黄灌溉水量的退水量,其各所占份额也不容易统计计算;三是灌区降水量的有效利用部分没有较精确地分析和计算。

3)最大蒸发量法

最大蒸发量法一般采用彭曼公式计算作物蒸腾蒸发量(也就是植株蒸腾量和棵间蒸发量的总和),再换算成灌区耗水量。如果将灌区的来水、排水、作物蒸腾蒸发、潜水蒸发和地表水面蒸发等全面考虑和精细计算,应该说该方法是一种比较理想的计算方法。但目前利用最大蒸发量法计算各耗水量时,一般是根据蒸发试验资料,考虑作物生长期和冬灌期的最大蒸发量，并据此核算灌区耗水量，最后折算出每公顷耗水量和总耗水量。该方法也存在一些不足之处，如利用点试验数据进行区域的大面积估算，计算误差比较大；仅考虑和计算实际灌溉面积上的蒸发量，而没有考虑大型灌区内其他面积上的蒸发情况。

1.3　研究内容

基于此，通过对已有灌区耗水量计算方法的总结和系统分析，结合甘肃景电灌区和青海省大峡渠灌区的现状，并考虑研究区的作物耗水机理，基于灌区水量平衡，利用SWAT建立模型，分析其耗水机理，并进行引黄灌区的耗水量及水资源平衡计算。本书主要内容如下：

（1）阐述了国内外耗水机理的研究现状和发展历程，并着重从灌区耗水量、灌区农业耗水量、灌区水循环以及引黄灌区耗水量的计算方面进行了阐述，详细分析了这些理论的科学内涵和形成机理，为灌区耗水量计算模型的建立奠定了基础。

（2）针对SWAT在灌区水循环中的应用现状，从土壤水平衡、灌溉、蒸散发模型、土壤水计算模型、地下径流和作物产量模拟几个方面论述了SWAT的模型基础。

（3）以甘肃省景电灌区为例，叙述了景电灌区灌溉试验站的概况及监测方案，从降雨量、灌溉水量和土壤含水率几个方面进行了水平衡要素分析，在获取水文气象数据、地表高程信息、土地利用信息和土壤信息的基础上，利用SWAT构建了基于水量平衡的灌区耗水量计算模型，模型充分考虑了空间离散、水文响应功能、作物参数的调整以及黄河引水量等要素，在对模型进行验证后，将模型应用于景电灌区。

（4）以青海省大峡渠渠灌区为例，叙述了叙述了大峡渠渠灌区典型地块的概况及监测方案，从降雨量、灌溉水量和土壤含水率几个方面进行了水平衡要素分析，在获取水文气象数据、地表高程信息、土地利用信息和土壤信息的基础上，利用SWAT构建了基于水量平衡的灌区耗水量计算模型，模型充分考虑了空间离散、水文响应功能、作物参数的调整以及黄河引水量等要素，在对模型进行验证后，将模型应用于大峡渠渠灌区。

（5）对本书的主要研究结果进行了总结，并提出未来该项研究仍需改进和完善的方向。

第二章　SWAT 模型在灌区水循环中的应用

在水资源日益匮乏的情况下，为了合理利用和分配水资源，提高水资源利用效率，愈加需要深入了解不同植被覆盖和土地利用的蒸散发状况，而区域蒸散发的估算问题一直是研究的重点和难点。随着水文学的发展，充分考虑气象因子和下垫面不均匀性的分布式水文模型被提出，将研究区划分为若干个计算单元，可以计算得到每个计算单元的各项水循环要素，实现水循环过程的全要素模拟。其中的蒸散发模拟采用空气动力学及能量平衡原理，考虑土壤水热运移、植被叶面截留、叶气孔水汽扩散和根系吸水等情况，采用不同方法进行计算，并以水量平衡的结果进行验证，为复杂下垫面条件下的区域蒸散发估算、蒸散发时空变化规律及驱动因子分析提供了强有力的技术支撑。

1994 年，Jeff Arnold 为美国农业部（United States Department of Agriculture，USDA）农业研究中心（Agricultural Research Service，ARS）开发了 SWAT（Soil and Water Assessment Tool）模型。SWAT 是一个具有很强物理机制的、长时段的流域水文模型，在加拿大和北美寒区具有广泛的应用。它能够利用 GIS 和 RS 提供的空间信息，模拟复杂大流域中多种不同的水文物理过程，包括水、沙和化学物质的输移与转化过程。模型可采用多种方法将流域离散化（一般基于栅格 DEM），能够响应降水、蒸发等气候因素和下垫面因素的空间变化以及人类活动对流域水文循环的影响。

SWAT 可以模拟流域内多种不同的物理过程。由于流域下垫面和气候因素具有时空变异性，为了便于模拟，SWAT 模型将流域细分为若干个子流域。目前有 3 种划分的方法：自然子流域（Subbasin）、山坡（Hillslop）和网格（Grid）等。在结构上，每个子流域至少包括：1 个水文响应单元 HRU、1 个支流河道（用于计算子流域汇流时间）、1 个主河道（或河段）。而池塘（或湿地）为可选项。

SWAT 将每个子流域的输入信息归为五类：气象（包括降水量、最高温度、最低温度、风速、相对湿度、日照时数等）、水文响应单元 HRU（包括土壤性质、植被类型、农药化肥的使用、管理措施等）、池塘（或湿地）、地下水和主河道（或河段）。

模型将子流域的陆面部分划分为了不同的水文相应单元（HRU），水文响应单元是包括子流域内具有相同植被覆盖、土壤类型和管理条件的陆面面积的集总。HRU 之间不考虑交互作用。流域内的蒸发量随植被覆盖的土壤的不同而变化，通过水文响应单元 HRU 的划分能够放映出这种变化。流域总径流量是通过每个 HRU 单独计算径流量，然后演算得到的。这样做不但可以提高计算的精度，同时还对于水量平衡的原理给出了更确切的物理描述。

SWAT 模型模拟流域水文过程主要分为陆面部分模拟和水面部分两部分，陆面模拟指产流和坡面汇流部分，主要包括地表径流、渗漏、土壤水再分配、地下水、作物的生长过程的模拟等；水面模拟则主要指河道汇流部分。

2.1 土壤水平衡公式

SWAT 2000 模型的结构如图 2.1 所示。

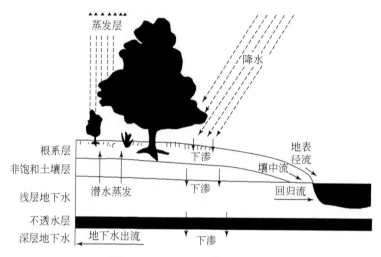

图 2.1 SWAT 2000 模型结构图

因此，SWAT 2000 模型的土壤水平衡的基本公式可以写为

$$SW_t = SW_0 + \sum_{i=1}^{t} (R_{day} - Q_{surf} - E_a - w_{seep} - L_{at} - T_{ile}) \qquad (2.1)$$

式中，SW_t 为末时段土壤含水量，mm；SW_0 为第 i 天初始土壤含水量，mm；t 为计算时间，天；R_{day} 为第 i 天的降雨量，mm；Q_{surf} 为第 i 天的地表径流量，mm；E_a 为第 i 天的蒸发量，mm；w_{seep} 为第 i 天的入渗渗量，mm；L_{at} 为第 i 天的壤中流，mm；T_{ile} 为第 i 天的暗管排水量，mm。

从式（2.1）可以看出，土壤水的主要输入项为降水，主要输出项为蒸散发、地表径流、渗漏量、壤中流、暗管排水以及基流等。SWAT 2000 模型最重要的一个特点就是在模型中引入了灌溉水模块，并且对于灌区这种特殊的农业流域来讲，灌溉水更是土壤水的一项主要的输入项。从图 2-1 中可以看出，潜水蒸发对土壤水也有一定的补给作用，但在公式中却没有考虑到这一点，因此土壤水的输入项除了降水外，还应该有灌溉水和潜水蒸发。由此将土壤水平衡公式改为

$$SW_t = SW_0 + \sum_{i=1}^{t}(R_{day} + I_{rr} + R_{evap} - Q_{surf} - E_a - w_{seep} - L_{at} - T_{ile}) \qquad (2.2)$$

式中，I_{rr} 为第 i 天的灌溉水量，mm；R_{evap} 为第 i 天的潜水蒸发量，mm。

从研究区的特点出发，由于农田并没有设置暗管，因此，暗管排水为 0。除此之外，农田以垄的形式进行分割，加之当地灌溉方式决定了不会产生地表径流，因此，地表径流也为 0。基于此，针对研究区的特点，土壤水平衡方式可进一步改写为

$$SW_t = SW_0 + \sum_{i=1}^{t}(R_{day} + I_{rr} + R_{evap} - E_a - w_{seep} - L_{at}) \qquad (2.3)$$

2.2　灌　　溉

模型本身的灌溉渗漏处理是超过田间持水量的部分向下渗漏，当发生灌溉时，灌水将土壤剖面含水量补充到田间持水量。灌区目前的灌溉模式仍然为大水漫灌，在漫灌情况下，当水量充足时，会灌到接近饱和的水平，田间持水量以上的部分会以重力排水的形式向下渗漏。显然，模型目前的灌溉渗漏处理不符合灌区的实际情况。所以，在灌溉时认为灌水达到饱和含水量后土壤剖面会发生渗漏。

2.3　蒸散发模型

SWAT 采用 3 种方法来计算作物的潜在蒸发蒸腾量，本书采用彭曼公式来计算作物的蒸腾蒸发量。彭曼公式所需要的数据主要包括辐射、日最高最低气温、相对湿度和风速，其中，中国气象网提供了日最高最低气温、相对湿度、风速和日照时数。

SWAT 模型中的蒸散发量指所有地表水的蒸散发，包括了水面、裸地、土壤和植被的蒸散发量，即实际蒸散发过程，受植被、地形和土壤特性等因素的影响较大。土壤蒸发和植被蒸腾是分开计算的。SWAT 模型首先计算潜在蒸散发，主要有 3 种方法：Hargreaves 法、Priestley-Taylor 法和 Penman-Monteith 法。本书采用目前广泛使用的 Penman-Monteith 法，该方法将蒸发所需的热能、水及水蒸气运动的动能以及接触层的蒸散发阻力等因素均考虑在内，具体公式如下

$$\lambda E = \frac{M}{\gamma + \Delta M}\left[(R_n - G)\Delta + \frac{\rho C_p(e_s - e)}{r_{atm}}\right] \qquad (2.4)$$

式中，λE 为进入大气的潜在通量，W·m^2，λ 为蒸发潜热，J·kg^{-1}；E 为水汽质量通量，kg·s^{-1}·m^{-2}；γ 为空气湿度常数，Pa·K^{-1}；Δ 为饱和水汽压梯度，Pa·K^{-1}；$(e_s - e)$ 为蒸气压差，Pa；ρ 为空气密度，kg·m^{-3}；C_p 为恒压下的比热容，J·kg^{-1}·K^{-1}；M 为可供水汽量；r_{atm} 为蒸散发阻力，s·m^{-1}；$(R_n - G)$ 为净辐射与地面辐射之差，W·m^{-2}。

在潜在蒸散发计算完成的基础上，从植被冠层截留的水分蒸发开始依次计算植被蒸

散发量和土壤水分蒸散发量。植被蒸散发量是潜在蒸散发、土壤根区深度和植被叶面积指数的函数，而土壤水分蒸发量则是土壤深度、土壤水分和潜在蒸散发的函数。

首先，计算大气上界太阳辐射，公式如下

$$R_a = \frac{24*60}{\pi} G_{sc} d_r (\omega_s \sin\varphi\sin\delta + \cos\varphi\cos\delta\sin\omega_s) \tag{2.5}$$

式中，R_a 为大气上界太阳辐射，$MJ \cdot m^{-2} \cdot d$；G_{sc} 为太阳常数，等于 $0.0820 MJ \cdot m^{-2} \cdot min^{-1}$；$d_r$ 为大气上界相对日地距离，$d_r = 1 + 0.033\cos\left(\frac{2\pi}{365}J\right)$，其中，$J$ 为日序，变化范围为 $1\sim365$；ω_s 为太阳时角，以弧度制表示，$\omega_s = \arccos(-\tan\varphi\tan\delta)$；$\varphi$ 为气象站点的地理纬度，以弧度制表示；δ 为太阳赤纬，也与日序有关，$\delta = 0.409\sin\left(\frac{2\pi}{365}J-1.39\right)$。

地表太阳辐射，即实际太阳辐射，可通过对大气上界太阳辐射进行修正得到。常用的修正系数为 $c = a_s + b_s\frac{n}{N}$，其中，n 为实际日照时数；N 为最大日照时数，$N = \frac{24}{\pi}\omega_s$；$\frac{n}{N}$ 即为日照百分率；a_s 和 b_s 为经验系数，本书采用左大康等根据我国不同类型地区实测太阳辐射量和日照百分率的月平均值以及晴天状态下月辐射量的资料计算得到的经验值，并结合研究区的具体情况，取 a_s 为 0.23、b_s 为 0.68。

据此，实际太阳辐射值如下所示

$$R_s = \left(0.248 + 0.752 \times \frac{n}{N}\right) R_a \tag{2.6}$$

2.4 土壤水计算模型

从地表下渗到土壤中的水分，可以被植被吸收，可以通过土壤表层或植被蒸散发，可以下渗补给地下水，还有一部分在一定条件下会发生水平运动，形成壤中流（leteral flow）。SWAT 模型中采用动力贮水方法计算壤中流，该方法是根据块体连续方程，在倾斜山坡的二维横截面上进行计算的（图 2.2），具体计算公式为

$$Q_{lat} = 0.024\left(\frac{2 \times SW_{ly,\ excess} \times K_{sat} \times slp}{\phi_d \times L_{hill}}\right) \tag{2.7}$$

式中，$SW_{ly,\ excess}$ 为土壤饱和区内的可流出水量，mm；K_{sat} 为土壤饱和导水率，mm/h；slp 为坡度；ϕ_d 为土壤层总空隙度，即 ϕ_{soil} 与土壤层水分含量达到田间持水量的空隙度 ϕ_{fc} 之差；L_{hill} 为山坡坡长，m。

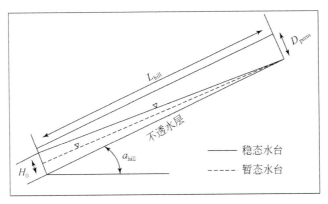

图 2.2 壤中流计算示意图

2.5 地 下 径 流

地下径流以河流基流的形式存在，可由地下水蓄量和枯水季持续径流推出。SWAT 模型中采用的流域地下径流计算公式如下

$$Q_{gw,\,i} = Q_{gw,\,i-1} \times \exp(-\alpha_{gw} \times \Delta t) + \omega_{rchrg} \times [1 - \exp(-\alpha_{gw} \times \Delta t)] \qquad (2.8)$$

式中，$Q_{gw,\,i}$ 为第 i 天进入河道的地下水补给量，mm；$Q_{gw,\,i-1}$ 为第（$i-1$）天进入河道的地下水补给量，mm；α_{gw} 为基流的退水系数；Δt 为时间步长，天；ω_{rchrg} 为第 i 天蓄水层的补给流量，mm。

其中，补给流量的计算公式如下

$$W_{rchrg,\,i} = (1 - \exp[-1/\delta_{gw}]) \times W_{seep} + \exp[-1/\delta_{gw}] \times W_{rchrg,\,i-1} \qquad (2.9)$$

式中，$W_{rchrg,\,i}$ 为第 i 天的蓄水层补给量，mm；δ_{gw} 为补给滞后时间，天；W_{seep} 为第 i 天通过土壤剖面底部进入地下含水层的水分通量，mm/d。

2.6 作物产量模拟

SWAT 模型的作物生长模块采用的是简化版的 EPIC 模型。EPIC 的作物生长模块能够模拟上百种农作物、园艺作物、牧草和树木的生长过程，其设计思路是根据各种作物生理过程的共性研制成模型的主体框架，再集合各种作物的生长参数和田间管理参数分别进行各种作物生长与产量模拟。模型对作物生长与产量形成过程进行定量模拟的基本过程如下：作物模型在逐日气象要素（太阳辐射、温度和降水等）的驱动下，首先模拟冠层高度和叶面积指数的日变化过程，根据植物叶面积截获的光合有效辐射和光能利用率计算转化为干物质的数量，逐日累加得到作物全生育期的潜在生物量。考虑温度、水分、氮素和磷素四种环境因子的胁迫作用，采用作物生长因子计算得到实际生物量，最后通过地上部生物量和收获指数计算实际产量。

（1）冠层覆盖和高度：SWAT 模型使用积温-叶面积指数曲线控制作物冠层的生长，有效积温为每日平均温度与积温之差的总和。在植物生长的最初阶段，冠层高度和叶面积的发育按叶面积最佳发育曲线来计算

$$fr_{PHU} = \frac{\sum_{i=1}^{d} HU_i}{PHU} \tag{2.10}$$

$$fr_{LAI_{max}} = \frac{fr_{PHU}}{fr_{PHU} + \exp(l_1 - l_2 \times fr_{PHU})} \tag{2.11}$$

$$h_c^* = h_{cmax} \sqrt{fr_{LAI_{max}}} \tag{2.12}$$

$$LAI_i = LAI_{i-1} + (fr_{LAI_{max,i}} - fr_{LAI_{max,i-1}}) \times LAI_{max} \times [1 - \exp(5 \times (LAI_{i-1} - LAI_{max}))] \tag{2.13}$$

式中：h_c 是冠层高度，m；$h_{c,max}$ 是冠层最大高度，m；LAI_i 和 LAI_{i-1} 分别是第 i、$i-1$ 天最大的 LAI，LAI_{max} 是植物最大的 LAI，该参数需要调整以反映模拟期的种植密度，fr_{LAImax} 是植物最大 LAI 的分数（与植物潜在热量单位的分数相对应），fr_{PHU} 是在达到第 d 天时积累的潜在热量单位的分数，HU 是第 d 天该天积累热量单位，PHU 是植物总的潜在热量单位，l_1 和 l_2 为校正系数。

一旦植物达到了冠层最大高度，那么这个高度就会一直维持下去，直到植物被收割。但是当 LAI 达到最大值后，这个最大值将会维持一段时间，直到叶片老化的速率超过叶片生长补充的速率，此时，植物的 LAI 就按以下公式计算

$$LAI = LAI_{max} \times \frac{1 - fr_{PHU}}{1 - fr_{PHUsen}} \quad fr_{PHU} > fr_{PHUsen} \tag{2.14}$$

式中，fr_{PHUsen} 是在叶片的老化速率超过叶片生长补充的速率时积累的潜在热量单位的分数（DLAI），其他含义同上。

（2）作物产量：采用 Beer 法则和 Monteith 法计算生物量每日最大的增长量，累加获取总的潜在生物量

$$H_{ph} = 0.5 \times H_{day} \times [1 - \exp(1 - k_1 \times LAI)] \tag{2.15}$$

$$\Delta bio = RUE \times H_{ph} \tag{2.16}$$

式中，H_{ph} 和 H_{day} 分别是该日截获的光合有效辐射和总辐射，MJ·m^{-2}；Δbio 是生物量潜在增长量；kg·ha^{-1}；K_1 是光的消散系数；LAI 叶面积指数；RUE 是植物的光能利用，kg·ha^{-1}（MJ·m^{-2}），衡量能量转换为生物量的作物参数。实际生物量考虑植物生长胁迫因子水分、温度、氮素和磷素 4 种环境因子对作物生长的影响，再利用收获指数计算得到实际作物产量。

第三章　SWAT 模型在景电灌区的应用

3.1　基　本　概　况

3.1.1　地理位置

景电灌区位于甘肃省中部干旱地区，北倚腾格里沙漠，南靠昌岭山，东临黄河，地理区域为东经 103°20′～104°04′，北纬 37°26′～38°41′，一个沿灌溉主渠道向两边延伸的不规则的条块形区域，是国家解决景泰、古浪、内蒙古阿拉善左旗等地区干旱缺水、大量宜耕土地长期荒芜、沙漠南移威胁等题而建设的大型高扬程灌溉工程。其地理位置见图 3.1。

图 3.1　景泰川电力提灌区地理位置图

3.1.2　地貌特征

景电灌区地处祁连山加里东褶皱带的东端，北抵阿拉善地块南缘。由于地质构造、岩性和侵蚀作用强度的不同，所以灌区的地貌景观十分丰富，其中包括有中高山、低山、丘陵、山前倾斜平原，还有山间盆地、河滩阶地、台地等。景电灌区耕地主要分布在山前冲洪积倾斜平原区，整体地势由西南坡向东北，上部坡度约 1/30，下部平坦连片，坡度约 1/100。

景电一期灌区主要由草窝滩盆地、芦阳盆地及兴泉盆地所组成。芦阳盆地地形开畅，呈山前倾斜平原地貌景观，地下水径流条件较好，可以经芦阳、响水泄入黄河，草窝滩盆地地形封闭，地下水的径流条件差，兴泉盆地属于地下水的上游带，径流条件也较好。

景电二期灌区北面与腾格里大沙漠接壤约 40 多千米，对灌区的水土资源的开发利用构成直接威胁；另外灌区北还与方家井沙窝、明沙咀地区的半固定与流动沙丘地相连，灌区东南部为白墩子滩，盆地中心为盐沼区，灌区南面为山前丘陵区与侵蚀、剥蚀山丘，此区向东南延伸到黄河边，为灌区的工程干线建设提供了优越的地形条件，整体的地形条件将灌区分割为东、西两大片。

灌溉区总体地貌类型以洪积冲积倾斜平原为主，洪积冲积扇上部洪水冲沟较多，坡降较大，中部开阔，地势较为平坦，普遍在砾石层上覆盖有 1～3m 的黄土或风化土层。

3.1.3　气候特征

甘肃省景电灌区位于欧亚大陆腹地，位于暖温带荒漠地区。东邻黄河，西连内陆河石羊河流域，北为依腾格里沙漠，南为祁连山尾部的昌岭山脉。太平洋、印度洋暖湿气流被秦岭、六盘山、华家岭所阻，北冰洋气流被乌鞘岭、祁连山、天山等山脉阻隔。南方湿润气流到本区已成强弩之末，因此造成本区气温日变差大，降雨量稀少，蒸发量大，日照时间长，春季多风，夏季酷热，无霜期较长，风沙多，尤以春季为甚，属典型的大陆性气候。

该地区是我国除青藏高原外光热资源最丰富的地区之一。年内季节分布明显，夏季日照时间长，冬季短，春秋适中，有利于农作物生长，冬春两季多风，灌区上水后植树造林面积不断扩大，防风林带逐步成林，风沙日数已逐渐减少，8 级以上大风日数多年平均由上水前的 29 天减为 14 天。

从 1957～2014 年的气象资料统计，该区域多年平均气温为 83℃，极端最高气温为 37.3℃，极端最低气温-27.3℃，多年平均年降水量 185.mm，最大年降水量 295.7mm，最小年降水量 94.8mm，最大一次降水量为 57.1mm，降水量多集中在 7、8、9 月。多年平均年蒸发量 2433.8mm（Φ20cm 蒸发皿），最大年蒸发量 3566mm，最小年蒸发量 2227mm，多年平均年日照时数为 2725.6h。风向多为西北风，多年平均风速为 2.9m/s，历年市最大风速为 21.7m/s。由于与腾格里沙漠和内蒙古广袤的干旱农牧区比邻，该地区沙尘暴出现频率较高，历年沙尘暴最多日数 47 天，大多发生在春与夏交替之际。由于气候寒冷，该地区最大冻土深度为 99cm，结冻日期一般开始于 11 月下旬，融冻日期一般结束于翌年 3 月上旬。景电灌区的气象要素见表 3.1。

表 3.1　景电灌区各气象要素

序号	项目	单位	月份												全年平均
			1	2	3	4	5	6	7	8	9	10	11	12	
1	平均气温	℃	-7.3	-4	3	10.3	16	19.8	21.9	20.4	15.2	8.8	0.6	-5.7	8.3
2	极端最高	℃	12.9	17.8	25.4	30.5	33.8	36.6	37.3	36.3	32.9	27.2	20.7	15.6	37.3
3	极端最低气温	℃	-27.3	-23	-17.6	-11.6	-2.35	3.2	8.5	5.7	-1.9	-13.5	-23.3	-26	-27.3
4	平均降水量	mm	0.5	11.1	3.6	10	20.3	24.4	34.1	47.3	29.3	12.7	2	0.3	185.6
5	平均蒸发量	mm	56.1	81.2	173.6	280.3	351.1	348.8	343	296	200.1	155.2	94.3	54.7	2433.8
6	平均相对湿度	%	43	41	39	38	41	45	52	57	59	55	50	47	47
7	平均日照时数	h	217.2	203	219.2	223.4	249.3	264	252	243	203.9	222.2	209.4	219	2725.6
8	最大风速	m/s	19	20	19	20	18.3	21.7	20	19.7	18	16.7	17	20	21.7
9	最多风向	16 方向	W	W	N	N	WNW	W	S	SSE	SSE	W	W	W	W
			C	C	C	C	C	C	C	C	C	C	C	C	C
10	出现频率/%	min	15	13	14	11	9	9	9	8	11	13	12	10	
		max	21	19	16	14	18	19	22	23	27	24	21	23	21

3.1.4　水文特征

3.1.4.1　灌区水资源转化关系

灌区内有纵横各种季节性河（沟）道共 46 条，但大多为季节性行洪沟道，其径流量主要由大气降水补给，与气候密切相关，河道径流量年内变化幅度较大，水量分布极不均匀，泄洪时流量大，径流集中，历时较短，这些沟道经各条沙沟或渗入地下，或汇入黄河。

根据水文实测、水文调查及按照径流模数计算，灌区内地表径流量为 1.87 亿 m³，均为暴雨补给，主要集中在 7~9 月的行洪沟道的产流。黄河从灌区东部流过，根据水文资料，灌区取水段典型年平均设计流量和实际流量对照表见表 3.2，灌区年均提水量为 3.89 亿 m³。

表 3.2　灌区取水段各月平均年流量表

年型（年份）	单位	1	2	3	4	5	6	7	8	9	10	11	12	年设计值
P=10%设计 丰水年（1961）	设计值	274	283	413	767	1040	1150	2520	2010	2080	2400	1360	592	1241
	典型年	278	287	419	778	1055	1166	2556	2038	2109	2434	1379	600	1258
P=25%设计 丰水年（1966）	设计值	277	295	357	457	563	664	1600	2540	3040	2100	927	497	1110
	典型年	274	292	353	452	557	656	1582	2511	3005	2076	916	491	1097
P=50%设计 平水年（2003）	设计值	574	485	664	1190	1313	1324	1250	1095	1110	1054	850	623	961
	典型年	562	475	651	1166	1287	1298	1226	1074	1088	1033	833	611	942
P=75%设计 枯水年（1995）	设计值	653	604	546	837	1170	1030	982	1000	1000	784	829	576	834
	典型年	637	589	533	817	1142	1005	958	976	976	765	809	562	814
P=85%设计 枯水年（1999）	设计值	500	416	435	758	1060	1000	837	748	839	964	880	605	754
	典型年	499	415	434	756	1058	998	835	747	837	962	878	604	752
P=90%设计 枯水年（1996）	设计值	459	424	457	830	1150	936	983	998	714	724	654	401	728
	典型年	453	418	451	819	1135	924	970	985	705	715	645	396	718
P=95%设计 枯水年（1998）	设计值	348	359	355	626	1010	885	807	765	719	839	811	599	677
	典型年	344	355	351	619	998	875	798	756	711	829	802	592	669

　　灌区内地下水资源因地表径流条件差，补给来源不充沛，所以水量极少，存在形式以潜水为主。灌区地下水循环系统经过了跨区域提水-灌溉入渗-地下水-灌溉回归水这样大数量的转化过程，所以灌区地表水与地下水在成因上存在着不可分割的联系。灌溉入渗和降雨通过渗入基岩裂隙和沟谷砂砾石中形成地下水。基岩裂隙水沿裂隙运动，一部分以潜流的方式转化为沟谷潜水；另一部分溢出地表形成地表径流。山区沟谷的地下水一部分以截流引泉的形式直接用于人畜饮水或农田灌溉；另一部分以潜流的方式直接回归泄入黄河。

　　景电灌区地下水主要分布在一期灌区的寺滩-芦阳盆地、草窝滩盆地和二期灌区的漫水滩盆地、白墩子盆地等地，其补给条件是：①田间和渠系灌溉水渗漏补给：灌区地面灌溉多为大水漫灌，灌溉水入渗补给量占地下水补给量的 75.9%。②大气降水补给：由于灌区气候干旱，降水稀少，降水入渗补给量仅占地下水总补给量的 5.38%。③径流和潜流补给：灌区内的地表径流除山区一部分以引泉和截引的方式采引；另一部分则汇集于沟谷以潜流的形式补给，其中潜流补给量占地下水补给量的 15.3%、径流补给量占地下水补给量的 3.42%。

灌区的地表和地下水的相互转化给灌区水资源的重复利用提供了有利条件，灌区内的地下水在运移过程中除开敞式水文地质单元的地下水以泉水出露的沟道回归黄河外，其他部分在封闭型的盆地内蒸发耗散。

3.1.4.2　地层构造和水文单元特征

景电灌区所处大地构造位置，属祁连山褶皱系东端，横跨河西走廊过渡带及北部祁连褶皱带。新生代以来，以升降运动为主，伴随轻微的褶皱、断裂，在上古生代—中生代凹陷的基础上，发育了新生代断凹陷盆地，这些盆地对地下水的赋存极为有利，是景电灌区主要的地下水储水构造。

灌区内地层发育完全，包括了岩浆岩、变质岩、沉积岩及第四纪松散沉积物等多种类型。其中新近系（N_2）的内陆河湖相地层和第四系在灌区内十分发育，广泛分布于灌区的沟谷阶地，山麓坡地及新生代断陷盆地。由于这些岩层是在干旱炎热、以蒸发浓缩作用占优势的地质历史时期形成的，所以富含有氯盐（如 NaCl、KCl、$MgCl_2$、$GaCl_2$ 等）、硫酸盐类（$GaSO_4$、$MgSO_4$ 等）等可溶性盐。

从独立的水文单元看，景电一期灌区自东向西形成了由芦阳盆地、草窝滩－一条山平原两个水文单元；二期灌区自动向西形成了白墩子-漫水滩盆地、海子滩-洋湖子滩盆地两大水文地质单元区，其水文地质条件各具特点。

按照地下水的排泄条件分为封闭型的水文地质单元和开敞型的水文地质单元，其中一期灌区的芦阳盆地和二期灌区的白墩子-漫水滩盆地属于封闭型水文地质单元：一期灌区的草窝滩－一条山平原和二期灌区的海子滩-洋湖子滩盆属于开敞型的水文地质单元，其独特的地质构造不但控制着灌区内岩系的上升隆起和盆地的断陷沉积，同时也控制着地下水补给，径流储存及排泄的基本条件。

封闭型水文地质单元均为周边基岩所环抱的封闭型断陷盆地。盆地地下水主要受大气降水，沟谷洪流入渗的补给，转化为第四系孔隙潜水后经山前洪积扇及洪积倾斜平原向盆地中心流，水质不断恶化，从低矿化度的重硫酸钙型水，过渡到矿化度的 $SO_4 \cdot Cl$ -（K+Na）·Mg 型水。在盆地中心蒸发排泄，水化学类型为 $Cl \cdot SO_4$ -（K+Na）·Ca 型水。

开敞型水文地质单元的地形特征是：南为褶皱隆起的基岩中高山区，东西两侧受基底构造隆起的限制，属向东北开敞型的断陷盆地，地下水主要受南部山区基岩裂隙水及灌溉回归水补给，埋深从 80～30m 过渡，矿化度 0.86～2.73g/L 不等。

3.1.4.3　地下水类型及富水性

根据灌区地下水赋存特征，可分为坚硬岩石类裂隙水和松散岩石类孔隙水两种基本类型。

（1）坚硬岩石类裂隙水主要分布于基岩山区，一般其富水性较弱。基岩裂隙水大部分以潜水状态赋存于构造裂隙和风化裂隙内，分布于长岭山、米家山、五佛北山及南部中低山区。岩溶裂隙水赋存于下石炭系厚层灰岩岩溶裂隙中，具微承压性，主要分布于长岭山南部、五佛北山等地，呈带状延伸，因溶洞、裂隙发育不均匀，故富水性也不均匀。碎屑岩类孔隙裂隙水赋存于南部红帆和北部大小红山、草窝滩等地的古近系、新近系砂岩、砾岩和砂质泥岩孔隙裂隙内。

（2）松散岩类孔隙水分布于山前第四系凹陷盆地洪积层及河谷平原冲积层内，潜水含量丰富。各盆地含水层厚度最厚可达到 150m。在封闭型的水文地质单元，以老虎山、长岭山为地下水补给区，渗透极强，靠近山区埋藏都很深，一般大于 80m，至盆地中心埋深逐渐变浅，潜水大量溢出。其中的寺滩-芦阳盆地、兴泉盆地的地下水最终经沟底排泄到黄河。白墩子为封闭盆地，地下水则消耗于蒸发。漫水滩、寺滩北部及白墩子南部、草窝滩南部地貌为盆地形态，由于第四系砂碎石层厚度较薄基底起伏较大，因此含水不均匀、富水性较弱、水质较差。

3.1.5 土地资源现状

3.1.5.1 土壤性质及开发现状

景电灌区的地层区划属河西走廊六盘山分区、武威中宁小区，土地资源丰富，土地利用率很低。植被组成上表现为荒漠化草原景观，其特征是超旱生小灌木和旱生草本混合群，覆盖度较低，土地资源丰富。

灌区耕地的上层土壤类型以荒漠灰钙土为主，表 3.3 是灌区提水灌溉前不同深度土壤的含盐量。由土壤结构分析可见，表层土壤有机质含量低且结构松散，土壤中毛管孔隙多且连续程度好，对水盐运移作用大，在干旱的气候条件下，强烈的蒸发容易使下层盐分传导到土壤表层，形成地表积盐。

表 3.3 监测区土壤灰钙土盐分含量表

采样深度/cm	HCO_3^-/%	Cl^-/%	SO_4^{2-}/%	Na^+/%	Ga^{2+}/%	Mg^{2+}/%	全盐量/%
0～30	0.06	0.19	0.157	0.123	0.035	0.056	0.61
30～60	0.051	0.16	0.229	0.089	0.043	0.047	0.65
60～90	0.048	0.165	0.253	0.155	0.046	0.064	0.73
90～120	0.056	0.178	0.267	0.187	0.052	0.056	0.682

灌区主要土壤类型多为荒漠灰钙土，土壤质地以砂壤和轻壤为主，物理性黏粒占 4.9%～26%，地表微有结皮，表层有机质含量 1.0%左右。土壤腐殖质层薄，有机质含量低，碳酸盐剖面不明显，碳氮值为 12～13。

3.1.5.2 盐碱地的特性与分布

1）盐碱化的发展趋势

景电一期灌区地下水观测资料表明，灌区在上水运行后地下水位逐年上升，在得不到及时排泄的地区如草窝滩盆地、芦阳寺滩盆地，至 2008 年约有 0.2 万 hm^2 耕地出现了严重的次生盐碱化现象，每逢春季这些土地表面都会泛出白色碱性物质等，实验分析表明其主要成分为氯盐（如 NaCl、KCl、MgCl$_2$、CaCl$_2$ 等）、硫酸盐类（如 CaSO$_4$、MgSO$_4$ 等）以及一些碳酸盐和其他盐类。

景电二期工程由于提水灌溉使得一期灌区的部分耕地成为二期灌区的地下水排泄区，至 2008 年，已在景电一期灌区的白墩子滩、兰炼农场的下游段已新增次生盐碱化土地约 0.34 万 hm^2；在景电二期灌区范围内，原来由于地下水浅埋，其盐碱化面积已增加了约 15.6%，汇水聚盐带原弱盐碱化的土地变成了强盐碱化土地，大面积的次生盐碱化制约了灌区经济的发展。其主要成因有：水文地质条件造成的积盐、干旱气候带来的积盐、地形地貌的影响、土壤母质含盐和人类活动影响等。

2）盐碱土类型

盐碱土分类是以单位土体中易溶盐的含量来进行分类，其主要评价指标为含盐量和盐分的组成。通常以 0～100cm 或 0～30cm 土层的平均含盐量来进行划分，前者称为主级，适用于制定开荒洗盐的冲洗定额研究，后者称为次级，对土壤改良有重要意义。

在景电灌区盐碱土分类时，根据每百克土体中含盐量的平均值，将本区土壤划分为非盐渍土、盐渍土、轻盐土、中盐土、重盐土和特重盐土 6 个主级，17 种次级。灌区盐渍土的分布总趋势为：由西南向东、北部土壤含盐量加重，从非盐渍化土过渡为重盐土，由灌区下游至上游土壤含盐逐渐加重。

3.1.6 灌区系统

景电灌区总面积 586km^2，灌溉总面积 6.13 万 hm^2，高程分布在 1596～1906m，灌区东西长 120km，南北宽约 40km。

景电灌区分两期建成，一期工程于 1969 年开工，1971 年开始提水灌溉，一期灌区在行政区域上主要为景泰县区域，南依寿鹿、米家两山，北接腾格里沙漠，东毗刀楞山，西临猎虎山，形成扇形洪积盆地，距灌区东侧处，黄河从南向北流过，灌溉面积 2.23 万 hm^2。景电二期工程于 1984 年开工建设，1987 年部分区段开始上水灌溉，在行政上分别属于甘肃景泰县西北部、古浪县东北部以及内蒙古阿右旗和景泰交界的部分土地，现有灌溉面积 3.28 万 hm^2。景电一、二期灌区建成灌溉后，有效阻止了沙漠南移，在腾格里沙漠的边缘形成了一条长 100 多千米绿色长廊，同时安置景泰、古浪、东乡等县贫困山区移民 30 多万人，取得了显著的经济、生态和社会效益。

3.1.7 用水制度

景电灌区春、冬灌斗口定额 125m^3/亩，夏一苗水 75m^3/亩，夏二苗水 88m^3/亩，夏三苗水 75m^3/亩，秋一、二、三苗水定额同夏。灌区四季灌水时间。为了便于受益单位掌握灌溉情况，安排灌区生产，各季灌水时间安排如下：春灌 3 月 15 日至 4 月 15 日 30 天；夏灌 4 月 16 日至 7 月 15 日 90 天（一苗水 4 月 16 日至 5 月 10 日 25 天；二苗水 5 月 11 日至 6 月 4 日 25 天，三苗水 6 月 5 日至 7 月 15 日 41 天）；秋灌 7 月 16 日至 8 月 30 日

46 天；冬灌 10 月 5 日至 11 月 20 日 45 天。

　　本章在景电灌区内灌溉试验站开展了水循环要素试验监测研究，试验通过设定具有典型取用水特征的田间地块开展作物产量和水平衡要素的观测，为灌区分布式水文模型的构建和验证提供基础数据。

3.2　景电灌区灌溉试验站概况及监测方案

　　本次试验站选取景泰县灌溉试验站，位于景电灌区一期工程景泰县政府南侧，其地理位置如图 3.2 所示。

图 3.2　灌溉试验站位置

　　在景电灌区灌溉试验站内，选择地形、种植结构、水源条件和农业措施具有代表性的封闭区域，作为试验区。对每种典型作物（春小麦、玉米）分别选取 2、3 个田块作为典型试验田。典型试验田的日常农业耕作措施和用水管理以当地农民的习惯为准，主要采用传统的地面漫灌，不因试验的开展有任何改变。具体数据的监测方案如下：

　　（1）降雨量观测。采用雨量筒观测，并与景泰县气象站的降雨量进行对比参考。

　　（2）灌溉量的监测。每种典型作物选取 2、3 个田块，用梯形流量堰在田块入水口监测其灌水量，除以各自的面积，取平均值作为该作物在农渠的平均灌水量。

　　（3）土壤含水率监测。试验区均匀布置 10 个样点，取土深度为 1m（分别设 0～10cm、10～30cm、30～50cm、50～70cm、70～100cm），通过传感器自动测定其土壤含水量；监测输出结果为每分钟 1 次。

　　（4）地下水位监测。典型农渠试验区内布置了 3 眼地下水水位观测井，采用地下水位观测尺监测，监测频率为每旬 1 次。

　　（5）作物生长指标监测。对应土壤含水率监测点上，进行作物生长指标的监测。作物生长指标包括株高、根深、叶面积和干物质量。株高用米尺进行测量，叶面积采用 LP-80 冠层叶面积分析仪进行测量，干物质量取地上部分整株作物干重。监测频率均为两周 1 次。

（6）作物产量。在作物生长指标监测点处选择典型田块，在典型田块中测得实际量及种植密度计算得到亩均作物产量。监测频率均为两周 1 次。

3.3　水平衡要素分析

3.3.1　降雨量

在试验开展期间（2016.3—2016.12），灌溉试验田实测降雨总量为 255.1mm，属丰水年（图 3.3）。降雨主要集中在 7 月，其中 7 月 24 日分别出现了一次强降雨，降雨量为 66.3mm。由于强降雨的出现，导致了部分地区主要作物减产。

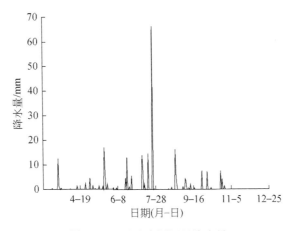

图 3.3　试验站实测逐日降水量

3.3.2　灌溉水量

使用 W（喉道宽）=40cm 的巴歇尔量水槽在田块入水口处监测每个田块的实际灌水量，测得试验区主要作物的灌水定额（表 3.4）。春小麦和玉米生育期内灌三水，与正常年份的灌水次数一样。

表 3.4　灌水量及灌水时间

农作物	种植面积/亩	灌季	灌水次数	灌水时间	历时/s	水位/cm	流量/（m³/s）	水量/m³	斗口灌水定额/（m³/亩）
小麦	25	夏一苗	1	5 月 3 日 8：40 至 5 月 3 日 22：20	49200	16	0.055	2706	108
		夏二苗	2	5 月 23 日 21：30 至 5 月 24 日 9：40	43800	16	0.055	2409	96
		夏三苗	3	6 月 17 日 12：40 至 6 月 17 日 21：05	30300	21	0.084	2545	102
		冬灌	泡地水	11 月 18 日 17：30 至 11 月 19 日 4：00	37800	23	0.097	3667	147
			小计						453

续表

农作物	种植面积/亩	灌季	灌水次数	灌水时间	历时/s	水位/cm	流量/（m³/s）	水量/m³	斗口灌水定额/（m³/亩）
玉米	13.26	秋一苗	1	6月8日17：00至6月8日21：08	14880	21	0.084	1250	94
		秋二苗	2	7月9日6：00至7月9日10：00	14400	21	0.084	1210	91
		秋三苗	3	8月12日11：45至8月12日18：00	22500	18	0.066	1485	112
		冬灌	泡地水	11月19日4：00至11月19日9：40	20400	23	0.097	1979	149
		小计							447
育苗	31.04	春灌	1	4月10日14：00至4月11日1：00	39600	18	0.066	2613	84
		夏一	2	5月11日9：00至5月11日20：32	41520	18	0.066	2740	88
		夏二	3	6月8日6：55至6月8日16：00	36300	22	0.09	3267	105
		秋灌	4	8月12日18：00至8月13日3：50	35400	18	0.066	2336	75
		冬灌	5	11月19日9：40至11月19日18：30	31800	23	0.097	3084	99
		小计							452

3.3.3 土壤含水率

在试验区内，选择 10 个监测点观测土壤水分变化，根据当地作物的生育阶段特点，针对小麦和玉米典型日的土壤含水量变化情况如图 3.4、图 3.5 所示。其中，选定日期分别为 5 月 10 日、6 月 20 日、7 月 10 日和 8 月 12 日。

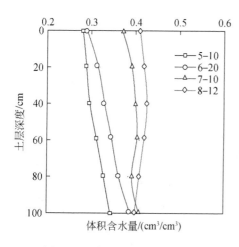

图 3.4　小麦地块土壤含水量

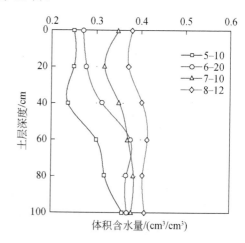

图 3.5　玉米地块土壤含水量

由图 3.4、图 3.5 中可以看出，土壤含水率的几个峰值点基本出现在灌水和降雨之后。试验区内，小麦的灌水时间为 5 月 3 日、5 月 23 日和 6 月 17 日；玉米的灌水时间为 4

月 10 日、5 月 11 日、6 月 8 日和 8 月 12 日。由于 7 月底出现了一次强降水，导致 8 月初大部分田块中出现积水，土壤含水率较高。

3.4　作物生长和产量

试验期内针对典型作物小麦和玉米分别布置了 20 个和 10 个作物生长监测点，位置与土壤含水率测点一致，主要测量指标包括叶面积指数、株高及干物质累积量。春小麦、玉米和葵花的叶面积指数和株高实测值如图 3.6、图 3.7 所示。

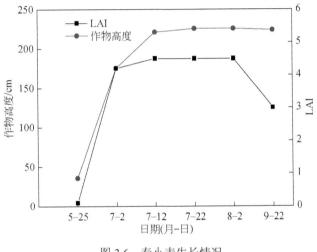

图 3.6　春小麦生长情况

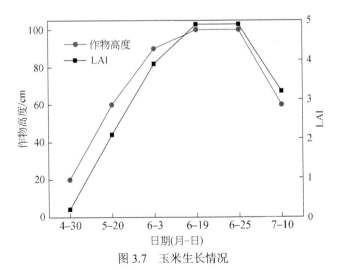

图 3.7　玉米生长情况

3.5　模型建立

3.5.1　资料获取

SWAT 模型需要庞大而详细的海量数据（包括 GIS 图层数据和表格数据），包括水文气象、地表高程信息、河网、土地利用-覆被、土壤信息、水文地质等信息等。

3.5.1.1　水文气象数据

SWAT 模型认为水文现象是一切其他现象背后的驱动力，而区域气候（特别是湿度和能量输入）控制着水量平衡，并决定了水循环中不同要素的相对重要性，所以气象数据是最重要的输入数据之一。SWAT 模型计算需要的气象数据包括：降水量、最高气温、最低气温、太阳辐射量、风速、相对湿度等，这些数据需格式化处理转换成 SWAT 模型计算所要求的 dbf 格式。景电灌区耗水系数模型所需要的气象数据采用的是国家气象局景泰气象站以及古浪气象站的降水量、最高温度、最低温度、相对湿度、风速等，并在这些数据的基础上计算太阳辐射以及潜在蒸散发。考虑到 SWAT 模型运行需要一定的适应期，因此，模型分别采用西宁气象站和民和气象站 1990～2013 年的气象数据，并将 2000～2012 年的数据作为适应期，在此基础上采用 2013 年的气象数据进行相关模拟和计算。将降水量、最高温度、最低温度、相对湿度、风速的实测值以及计算得到的太阳辐射、潜在蒸发等分别按照模型要求的格式整理为相应的气象文件：*.pcp，*.tmp，*.hmd，*.wnd，*.slr，*.pet。在模型中每一个 HRU 的气象数据则是根据各气象站点的经纬度由最近的气象站点的气象资料所赋予的。气象因子发生器文件（*.wgn）是根据景泰气象站 45 年来的气象数据完成编写的。景电灌区 2016 年逐日降水量、逐月平均风速、逐月平均相对湿度、日平均最高-最低气温、逐月日照时数如图 3.8～图 3.22 所示。

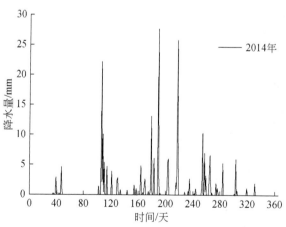

图 3.8　景电灌区 2014 年逐日降水量

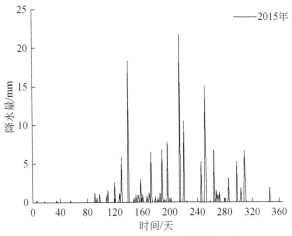

图 3.9 景电灌区 2015 年逐日降水量

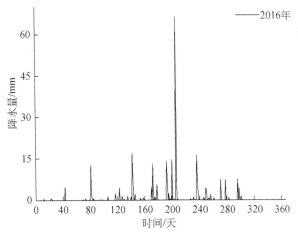

图 3.10 景电灌区 2016 年逐日降水量

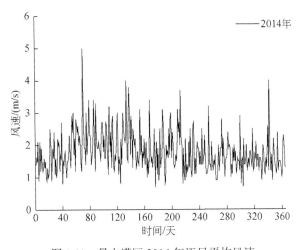

图 3.11 景电灌区 2014 年逐日平均风速

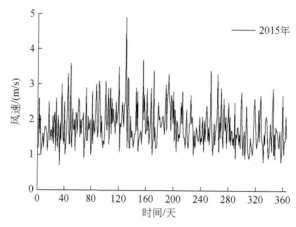

图 3.12 景电灌区 2015 年逐日平均风速

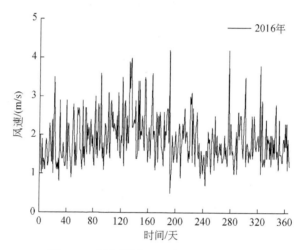

图 3.13 景电灌区 2016 年逐日平均风速

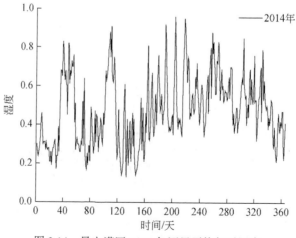

图 3.14 景电灌区 2014 年逐日平均相对湿度

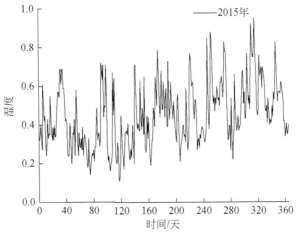

图 3.15　景电灌区 2015 年逐日平均相对湿度

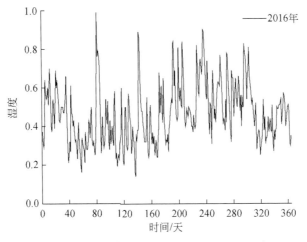

图 3.16　景电灌区 2016 年逐日平均相对湿度

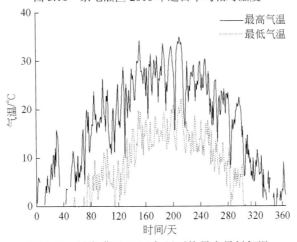

图 3.17　景电灌区 2014 年日平均最高最低气温

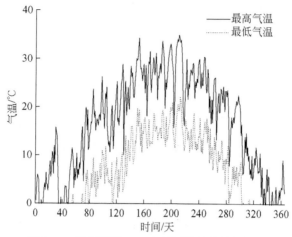

图 3.18　景电灌区 2015 年日平均最高最低气温

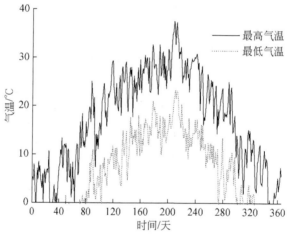

图 3.19　景电灌区 2016 年日平均最高最低气温

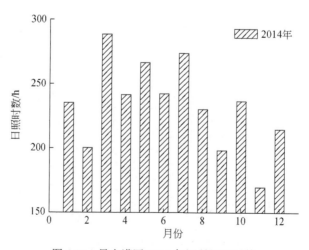

图 3.20　景电灌区 2014 年逐月日照时数

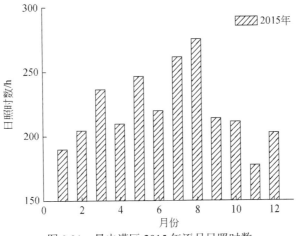

图 3.21　景电灌区 2015 年逐月日照时数

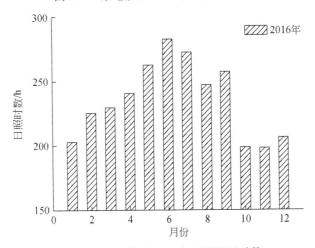

图 3.22　景电灌区 2016 年逐月日照时数

根据公式所示，计算景电灌区 2013 年的实际太阳辐射值，其中，a_s 和 b_s 根据甘肃省的实际情况，分别取为 0.23 和 0.68；各月的 R_a 值和最大日照时数采用线性插值的方法进行求得，其计算结果如表 3.5 所示。

表 3.5　逐月 R_a 值和最大日照时数

月份 \ 纬度	R_a			N		
	30	40	36.5	30	40	36.5
1	15.18	10.12	11.89	10.4	9.9	10.1
2	19.30	14.60	16.25	11.2	10.7	10.9
3	24.42	20.64	21.96	11.9	11.8	11.8
4	29.62	27.48	28.23	12.9	13.3	13.2
5	32.90	32.36	32.55	13.6	14.3	14.1

续表

月份＼纬度	R_a			N		
	30	40	36.5	30	40	36.5
6	34.24	34.58	34.46	14.0	14.9	14.6
7	33.73	33.72	33.72	13.9	14.7	14.4
8	31.28	29.86	30.36	13.3	13.9	13.7
9	26.74	23.60	24.70	12.4	12.5	12.5
10	21.34	16.80	18.39	11.5	11.2	11.3
11	16.34	11.34	13.09	10.8	10.1	10.3
12	14.10	9.00	10.79	10.3	9.5	9.8

采用表 3.5 所确定的 R_a 和 N 值，利用上述描述的公式对研究区对 2014～2016 年间逐日的辐射量进行计算，并将其按照 SWAT 要求的格式写成.slr 文件，其中，景电灌区的日辐射分布分别如图 3.23～图 3.25 所示。

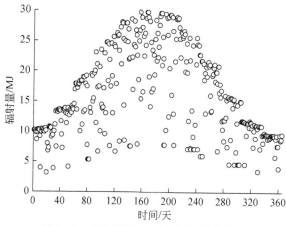

图 3.23　景电灌区 2015 年日辐射分布图

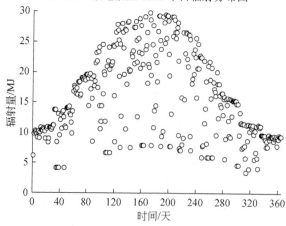

图 3.24　景电灌区 2015 年日辐射分布图

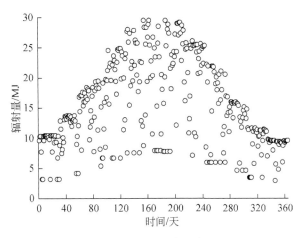

图 3.25 景电灌区 2016 年日辐射分布图

包括逐日太阳辐射数据在内,所有的逐日气象数据及其站点位置均应按照 SWAT 模型要求的格式存储以备调用。此外还需建立"天气发生器"以便在 SWAT 模型运行过程中能够补足缺乏的数据。"天气发生器"的建立需要输入的参数较多,除各气象站点的名称、经纬度及高程外,其余各参数的名称及计算公式见表 3.6。

表 3.6 天气发生器各参数及计算公式

参数	定义	计算公式
RAIN-YRS	每月半小时最大降雨数据的年数	
TMPMX	月日均最高气温/℃	$\mu m_{max,\,mon} = \sum_{d=1}^{N} T_{max,\,mon} / N$
TMPMN	月日均最低气温/℃	$\mu m_{min,\,mon} = \sum_{d=1}^{N} T_{min,\,mon} / N$
TMPSTDMX	月日均最高气温标准偏差	$\sigma_{max,\,mon} = \sqrt{\sum_{d=1}^{N} (T_{max,\,mon} - \mu_{max,\,mon})^2 / (N-1)}$
TMPSTDMN	月日均最低气温标准偏差	$\sigma_{min,\,mon} = \sqrt{\sum_{d=1}^{N} (T_{min,\,mon} - \mu_{min,\,mon})^2 / (N-1)}$
PCP-MM	月平均降水量/mm	$\overline{R_{mon}} = \sum_{d=1}^{N} R_{day,\,mon} / (yrs)$
PCPSTD	月日均降水量标准偏差	$\sigma_{mon} = \sqrt{\sum_{d=1}^{N} (R_{day,\,mon} - \overline{R_{mon}})^2 / (N-1)}$
PCPSKW	月日均降水量偏度系数	$g_{mon} = N \sum_{d=1}^{N} (R_{day,\,mon} - \overline{R_{mon}})^3 / (N-1)(n-2)(\sigma_{mon})^3$
PR-W1	月内干日系数	$P_i (W/D) = (\text{days}_{W/D,\,i} / \text{days}_{dry,\,i})$

参数	定义	计算公式
PR-W2	月内湿日系数	$P_i\left(W/W\right)=\left(\mathrm{days}_{\mathrm{W/W},\,i}/\mathrm{days}_{\mathrm{wet},\,i}\right)$
PCPD	月均降雨天数	$\overline{d_{\mathrm{wet},\,i}}=\mathrm{day}_{\mathrm{wet},\,i}/(yrs)$
RAINHHMX	最大半小时降雨量/mm	—
SOLARAV	月日均太阳辐射量/［kJ/($m^2 \cdot d$)］	$\mu rad_{\mathrm{mon}}=\sum_{d=1}^{N}H_{\mathrm{day},\,\mathrm{mon}}/N$
DEWPT	月日均露点温度/℃	$\mu dew_{\mathrm{mon}}=\sum_{d=1}^{N}T_{\mathrm{dew},\,\mathrm{mon}}/N$
WNDAV	月日均风速/（m/s）	$\mu wnd_{\mathrm{mon}}=\sum_{d=1}^{N}T_{\mathrm{wnd},\,\mathrm{mon}}/N$

3.5.1.2　地表高程信息

SWAT 模型应用于 ToPAZ 自动数字地形分析的软件包，基于 D8 方法、最陡坡度原则和最小集水面积阈值的概念，对输入 DEM 图进行处理，定义流域范围，确定河网结构，划分子流域，计算河道和子流域参数。但由于本研究区以灌区为主，DEM 精度不足以反映田间地块的具体情况，因此，采用手动划分自区域及 HRU 的方法进行。

3.5.1.3　土地利用信息

土地利用图是重要的 GIS 数据，它真实反映了流域内土地利用状况以及植被数量与分布，目前我国土地利用编码采用国土资源部《土地利用现状调查技术规程》中的土地利用分类，但该分类不能满足 SWAT 模型中植物生长模拟的需求，需要具体到物种的更详细土地利用分类，将现有的土地覆被类型重新分类，转换为 SWAT 模型对应的编码。本研究主要为旱地。

3.5.1.4　土壤信息

土壤数据是 SWAT 模型主要输入参数之一，土壤数据质量的好坏会对模型的模拟结果产生重要影响。模型中需要的土壤数据可以分为两类：一类是土壤物理特性数据；另一类是土壤化学性质数据，考虑到本研究主要对区域蒸散发与径流进行模拟，化学属性在模型中略过。SWAT 模型需要将各类土壤的水文、水传导属性作为输入值，并将其分为按土壤类型和按土壤层输入的两类参数。按土壤类型输入的参数包括每类土壤所属的水文单元组、植被根系最大深度、土壤表面到最底层深度、土壤空隙比等；按土壤层分层输入的数据有土壤表面到各土壤层深度、土壤容重、有效土壤含水量、饱和导水率、土壤电导率和每层土壤中的黏粒、粉砂、砂粒、砾石含量等。

　　SWAT 模型所需要的土壤数据包括土壤纵剖面的土壤参数，而现有的 1∶100 万的土壤质地分布图只给出了灌区表层土的土壤质地类型，且模型自带的土壤数据库与中国的实际情况不一样，为了获得研究区的土壤参数，国内在应用 SWAT 模型时对土壤参数的处理一般是在相关文献的基础上来确定土壤参数。本研究采用了灌区 15 个土壤剖面的实测的土壤性质数据。模型所要的土壤物理属性参数主要有饱和导水率、土壤容重、土壤有机碳含量、黏土-壤土-砂土含量等土壤参数，如表 3.7 所示。

表 3.7　模型土壤物理属性表

类型	变量	模型定义
按土壤类型输入	NLAYERS	土壤分组数目
	HYDGRP	土壤水文性质分组（A、B、C 或 D）
	SOL-ZMX	土壤坡面最大根系深度（mm）
	ANION-EXCL	阴离子交换孔隙度，模型默认值为 0.5
按土壤层分层输入	SOL-CRK	土壤最大可压缩量（土壤空隙比）
	TEXTURE	土壤层的结构
	SOL-Z	土壤表层到土壤底层的深度（mm）
	SOL-BD	土壤湿密度（mg/m³ 或 g/m³）
	SOL-AWC	有效田间持水量（mmH₂O/mmsoil，0.0～1.0）
	SOL-K	饱和水传导系数（mm/h）
	SOL-CBN	有机碳含量
	CLAY	黏土（%），直径<0.002mm 的土壤颗粒组成
按土壤层分层输入	SILT	壤土（%），直径 0.002～0.05mm 的土壤颗粒组成
	SAND	沙土（%），直径 0.05～2.0mm 的土壤颗粒组成
	ROCK	砾石（%），直径>2.0mm 的土壤颗粒组成
	SOL-ALB	土壤反射率（湿，0.00～0.25）
	UELE-K	UELE 方程中土壤可蚀性因子 K（0.00～0.65）
	SOL-EC	土壤电导率（ds/m）

　　（1）土壤饱和导水率；选取了土壤采样点后，在采样点利用 Guelp 入渗仪测定土壤 0～20cm 以及 80cm 处的土壤导水率。各采样点土壤剖面性状影响了土层 20cm 与土层 80cm 处的土壤饱和导水率。由于土壤特性以及天气情况的原因，饱和导水率测定的结果也需要校正，模型所采用的饱和导水率是在试验的基础上通过相应的文献来确定的。土壤容重则是在采样点利用土钻-花钻-环刀采取土壤 0～200cm 剖面（2cm 一层，共 10 层）内的土样，同时观察每一层土壤剖面的性状，带回试验站测定每层土样的干容重，所得到的干容重结果比较符合土壤的特性。

（2）土壤质地指土壤中不同直径大小的土壤颗粒的组合情况。土壤质地与土壤通气、保肥、保水状况及耕作的难易程度有密切关系。国际上比较通用的土壤质地分类标准主要有四类：国际制、美国制、威廉-卡庆斯基制（苏联）和中国土粒分级标准。山东省第二次土壤普查采用了国际制土壤质地分类标准，而 SWAT 模型采用了美国制土壤质地分类标准，因此，必须采取一定的方法将现有的国际制转换为相对应的美国制。其中，国际制与美国制土壤质地分类系标准对比见表 3.8。

表 3.8   土壤质地分类的美国制和国际制标准

SWAT 名称	美国制		国际制	
	粒径	名称	粒径	名称
ROCK	>2	石砾	>2	石砾
SAND	2～0.05	砂粒	2～0.02	砂粒
SILT	0.05～0.002	粉粒	0.02～0.002	粉粒
CLAY	<0.002	黏粒	<0.002	黏粒

而土壤机械组成的测定是将土样带回试验站风干，根据每层土壤剖面的性状，将所采的土样根据土壤质地进行若干分组后，利用筛选法和比重计法主要测定了土壤颗粒在0.05～2mm、0.002～0.05mm 及<0.002mm 的质量百分比的基础上，借助 MATLAB 7.0软件，采用三次样条插值法，在求出美国制 0.02～0.05mm 土壤颗粒的百分含量。在此基础上，可逐一计算 CLAY、SILT、SAND、ROCK 的百分含量。由于比重计法比较粗糙，结果可能会存在着误差，实际在模型中各土壤类型的颗粒组成是结合试验结果以及其他相关文献来确定的。通过上面的分析，将不同剖面的土壤属性组成土壤属性文件，按照剖面的位置分配到各子流域中。各土壤剖面的土壤参数通过实验获得，没有实测数据的土壤类型，用临近相似的土壤剖面数据插值得到。

（3）土壤湿密度（SOL-BD）、有效田间持水量（SOL-AWC）、饱和水传导系数（SOL-K）SOL-BD，SOL-AWC，SOL-K 可以借助美国华盛顿州立大学开发的土壤水特性软件 SPAW 的 Soil Water Characteristics 模块获得。SPAW 即 Soil Plant Atmosphere Water，是在土壤质地和土壤物理属性进行统计分析的基础上研发的，其计算值和实测值有着很好的拟合关系。要计算出 SOL-BD、SOL-AWC、SOL-K，除了需要前面计算获得的土壤各粒径含量外还需要输入以下属性：Organic Matter、Salinity、Gravel，这些均可从《青海省乐都县土壤志》中获得。

（4）土壤水文性质分组（HYDGRP）是美国自然资源保护署（Natural Resources Conversation Service）在土壤入渗特征的基础上，将在降雨和土地利用/覆被相同的条件下具有相似产流特征的土壤划分成一个水文组，共划分为 4 组，见表 3.9。根据实验所获得的最小渗透率，并结合表 3.9 即可对土壤水文性质进行分组。其中，景电灌区土壤多属于 A 类和 B 类。

表 3.9 土壤水文性质分组及定义

土壤水文性质分组	土壤分组的水文性质	最小下渗率（X）/（mm/h）
A	渗透性强、潜在径流量很低的土壤；主要包括具有良好透水性能的砂土或砾石土；在完全饱和的情况下仍然具有较高的入渗速率和导水率	7.26～11.34
B	渗透性较强的土壤；主要是一些砂壤土（或在土壤剖面一定深度处存在弱不透水层）；在水分完全饱和时仍具有较高的入渗速率	3.81～7.26
C	中等透水性土壤；主要为壤土（或虽为砂性土，但在土壤剖面一定深度处存在一层不透水层）；当土壤水分完全饱和时保持中等入渗速率	1.27～3.81
D	微弱透水性土壤；主要为黏土；具有很低的导水能力	0～1.27

灌区土壤分布如图 3.26 所示，土壤文件.sol 如图 3.27 所示。

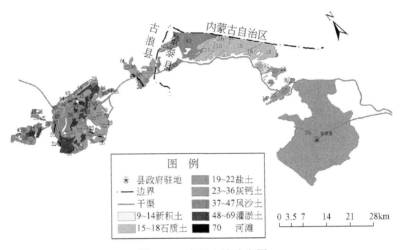

图 3.26 灌区土壤分布图

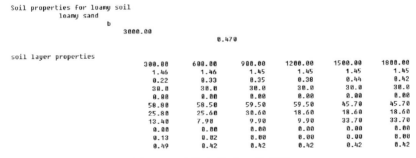

图 3.27 土壤文件 ".sol" 示例

3.5.2 空间离散

流域空间离散是分布式水文模拟的第一步，也是流域空间变异性表达的主要途径。目前分布式模型对流域空间离散有 3 种划分方法：自然子流域法（Subbasin，如 SWAT

模型）、山坡法（Hillslop，如 TopModel）和网格法（Grid，如 SHE 模型），3 种方法各有优劣。SWAT 模型目前采用子流域法进行空间离散，基于最陡坡度原则和最小给水面积阈值的概念，对 DEM 进行处理，即以山谷线作为汇流路径，生成河网并进行编码；以分水岭作为子流域的边界，生成的子流域保持着流域的地理位置并同其他的子流域保持空间联系；每个子流域进行汇流演算，最后求得出口断面流量。

但是，采用 DEM 对灌区进行空间离散具有一定的局限性。灌区与自然流域重要不同在于：①平原区的地形高差使模型通常无法基于 DEM 自动提取完整的自然河网；②灌区内复杂的人工渠、沟分布改变了自然的水流路径和产汇流形式，尤其对于自流灌区，人工渠系中的填方、挖方等工程人为改变了渠道处本原的高程值；③灌区是以输配水渠系与排水沟网覆盖的灌域为单元进行用水管理，而分布式水文模型对自然流域的水文模拟是以集水区为单元，直接划分的空间子流域无法反映灌区用水管理特点。这就要求灌区的空间离散能够反映灌区内实际的人工渠、沟与河网布置。

针对上述不同，本项目在 ArcGIS 的基础上，充分考虑灌区的水资源管理现状及用水、土地利用现状，将整个灌区共分为 9 个子流域，分别为一期总干所、北干所、二期总干所、漫水滩所、四个山所、直水管所、海子滩水管所和裴家营水管所，其位置及所辖区域如图 3.28 所示。

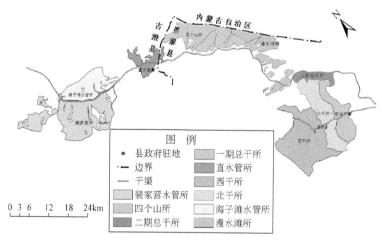

图 3.28　灌区子流域划分

3.5.3　水文响应单元划分

当子流域划分完成后，可以根据土壤类型和土地利用类型将子流域划分为多个水文响应单元（Hydrological Response Unit，HRU）。水文响应单元是包括子流域内具有相同植被覆盖、土壤类型和管理条件的陆面面积的集总，被假定为在子流域中具有统一的水文响应行为。水文响应单元（HRU）是子流域内具有相同植被类型、土壤类型和管理条件的陆面面积的集总。因此在划分 HRU 之前要先确定出子流域的土地类型，然后对每种土地类型匹配土壤类型。受灌区地性差的限制，本项目在 ArcGIS 的基础上，将土壤类型和作物种植类型进行叠加，并最终得到 251 个分区，其结果如图所示。根据各个 HRU 的用地类型、占子流域的面积比、是否灌溉、灌溉水源情况、坡面平均长度、平均宽度等，完成 HRU 文件（*.hru）的编写。灌区农作物主要考虑春小麦、大蒜、油菜、土豆、蔬菜等，灌区作物种植制度为一年一季，其中小麦面积中约 60%复种蔬菜。以景电灌区子区域 1 为例，共包括 7 个水文相应单元，其中，第一个水文相应单元的具体数值及其所代表的含义如表 3.10 所示。考虑到研究目的主要在基于土壤水量平衡基础上计算作物耗水系数，因此，模型未考虑侵蚀及水质。

表 3.10 HRU 输入参数

1. 地形参数	
HRU_FR	HRU 面积占整个流域的比例（km²/km²），缺省值 0.0000001
SLSUBBSN	平均坡长（m），该参数通常会被高估，90m 已经是相当长的坡长，缺省值 50
SLOPE	平均坡（m/m）
SLSOIL	亚地表侧渗流坡长（m），缺省值为 SLSUBBSN
2. 地表覆盖参数	
CANMX	最大冠层储水量（mm H₂O），作物冠层对渗透、地表径流、蒸发有显著影响
RSDIN	初始残余覆盖（kg/ha），可选
OV_N	陆上水流的曼宁值
3. 水循环	
LAT_TTIME	测渗流运动时间（days），该参数设成 0 将会让模型基于土壤导水特性计算侧渗流的运动时间
POT_FR	排水进入积水低洼壶穴的 HRU 面积比例，当 IPOT 不为零时必须
FLD_FR	排水进入漫滩的 HRU 面积比例
RIP_FR	排水进入河滨的 HRU 面积比例
DEP_IMP	土壤剖面中不透水层的深度（mm）
EV_POT	低洼壶穴的蒸散发系数，缺省值为 0.5
DIS_STREAM	距离河流的平均距离，缺省值为 35
4. 侵蚀	
ESCO	土壤蒸发补偿因子，取值范围 0.01~1.0；该值越小，模型模拟得到的最大蒸发量就越大；缺省值为 0.95
EPCO	作物消耗补偿因子
LAT_SED	侧渗流和地下水中沉积物的浓度（mg/L）
ERORGN	泥沙中的 ON 富集率
ERORGP	泥沙中的 OP 富集率
5. 洼地参数	
POT_TILE	每日进入主渠道的瓦流，如果灌溉的渠道在洼地中（m³/s）

以景电灌区第一个子区域的第一个 HRU 为例，其 HRU 文件如图 3.29 所示。在土壤信息图和自区域叠加的基础上，灌区共生成 258 的 HRU，如图 3.30 所示。

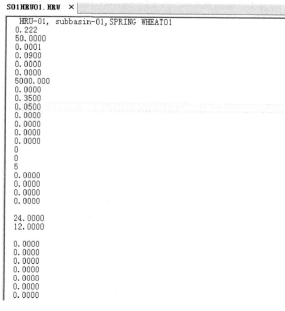

图 3.29　HRU 文件示意图

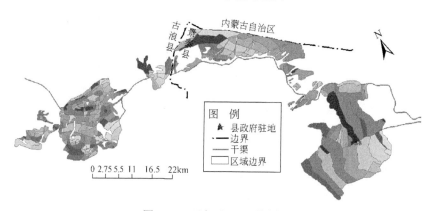

图 3.30　研究区 HRU 的划分

3.5.4　作物参数

由于 SWAT 模型自带的植被参数库与中国的实际情况有较大出入，因此本书作物参数是在模型自带作物生长参数数据库的基础上，参照灌区当地植被的实际生长情况，并查阅相关文献，确定作物的生长参数。在 SWAT 模型中模拟叶面积指数增长过程需要确定作物最大叶面积指数，以及叶面积曲线上的两个特征点（第一生长点、第二生长点）来确定。灌区典型作物的最大叶面积指数、是通过查阅相关的参考文献来确定的，而叶面积指数曲线上的两个生长点则是通过相关文献中的作物叶面积指数曲线过程来确定的。各作物参数需要定义的变量如表 3.11 所示。其中，对作物耗水量影响较大的参数主要包括 ICNUM、CPNM、IDC、DESCRIPTION、BIO_E、HVSTI、BLAI、FRGRW1、LAIMX1、FRGRW2、LAIMX2、DLAI、CHTMX、RDMX、T_OPT、T_BASE（表 3.12）。

表 3.11 作物参数及定义

变量名	定义
ICNUM	土地覆被/作物代码
CPNM	表征土地覆被/作物名称的四字符编码
IDC	土地覆被/作物分类
DESCRIPTION	完整土地覆被/作物名
BIO_E	太阳辐射利用率或生物能比
HVSTI	最佳生长条件下的收获指数
BLAI	最大潜在叶面积指数
FRGRW1	作物生长期比例或最佳叶片面积发展曲线第一点相应的总潜在热力单位的比例
LAIMX1	相对于最佳叶片面积发展曲线第一点的最大叶片面积比例
FRGRW2	作物生长期比例或最佳叶片面积发展曲线第二点相应的总潜在热力单位的比例
LAIMX2	相对于最佳叶片面积发展曲线第二点的最大叶片面积比例
DLAI	叶面积开始减少的生长期比例
CHTMX	最大冠层高度（m）
RDMX	最大根深（m）
T_OPT	作物生长最佳温度（℃）
T_BASE	作物生长最低（基础）温度（℃）
CNYLD	产量中氮的正常含量
CPYLD	产量中磷的正常含量（kg P/kg yield）
BN（1）	氮带走参数#1：生长初期（emergence）生物量中氮的正常含量（kg N/kg biomass）
BN（2）	氮带走参数#2：50%成熟度的作物生物量中氮的正常含量（kg N/kg biomass）
BN（3）	氮带走参数#3：成熟作物生物量中氮的正常含量（kg N/kg biomass）
BP（1）	磷带走参数#1：生长初期（emergence）生物量中磷的正常含量（kg P/kg biomass）
BP（2）	磷带走参数#2：50%成熟度的作物生物量中磷的正常含量（kg P/kg biomass）
BP（3）	磷带走参数#3：成熟作物生物量中磷的正常含量（kg P/kg biomass）
WSYF	收获指数下限［（kg/ha）/（kg/ha）］
USLE_C	土地覆被/作物的水侵蚀最小 USLE C 因子的值
GSI	高太阳辐射低蒸气压亏损下的最大气孔传导率（m·s^{-1}）
VPSFR	水气压亏损（vapor pressure deficit）（kPa），和气孔传导率曲线的第二个点相对应

续表

变量名	定义
FRGMXA	气孔传导率曲线上对应第二点的最大气孔传导率比例
WAVP	单位水气压亏增加引发的太阳辐射利用率降低速率
CO2HI	相对于太阳辐射使用效率曲线第二个点提高的大气 CO_2 浓度（μL CO_2/L air）
BIOEHI	太阳辐射利用率曲线上第二点对应的生物能比（biomass-energy ratio）
RSDCO_PL	作物残茬分解系数

表 3.12　灌区典型作物的主要生长参数值

变量名	春小麦	夏玉米	苗木	土豆	油菜	蔬菜
ICNUM	27	19	16	70	75	92
CPNM	SWHT	CORN	RNGB	POTA	CANP	TOMA
IDC	5	4	6	5	4	4
BIO_E	35.00	39.00	34.00	25.00	34.00	30
HVSTI	0.42	0.50	0.90	0.95	0.23	0.33
BLAI	4.00	5.00	2.00	4.00	3.50	3.00
FRGRW1	0.25	0.37	0.05	0.15	0.15	0.15
LAIMX1	0.05	0.30	0.10	0.01	0.02	0.05
FRGRW2	0.50	0.50	0.25	0.50	0.45	0.50
LAIMX2	0.95	0.95	0.70	0.95	0.95	0.95
DLAI	0.60	0.70	0.35	0.60	0.50	0.95
CHTMX	0.90	2.50	1.00	0.60	0.90	0.50
RDMX	2.00	2.00	2.00	0.60	0.90	2.00
T_OPT	18.00	25.00	25.00	22.00	21.00	22.00
T_BASE	0.00	10.00	12.00	7.00	5.00	10.00

3.5.5　农业管理措施

除灌溉外，SWAT 需要的农业管理措施还包括耕作措施、杀虫剂措施及施肥措施等，分别对应于 SWAT 中的耕作数据库 TIL.DAT，农药数据库 PEST.DAT，化肥数据库 FERT.DAT。研究采用 SWAT 自带的数据库进行模拟。概括这些措施的初始文件是 HRU 管理文件.mgt。该文件包括了种植、收获、灌溉、养分使用、杀虫剂使用和耕作措施情况，如种植时间，收获时间，灌溉时间，灌溉水量，化肥和杀虫剂的使用时间及使用剂量等。值得注意的是，合适的农业管理措施能够保证作物的正常生长，从而不对作物的蒸腾蒸发量产生胁迫。每一个 HRU 均对应一个 MGT 文件。以景电灌区一期工程子区域 1 的第一个 HRU 为例，其 MGT（.mgt）文件如图 3.31 所示。

```
cropl.mgt   ×
this is for spring wheat
1  1    0   27    0.02     0.00 1250.00     0.00       0.20    70.00      0.60
        4   10            11295.800  27
        4   28     2               212.894
        4   29    11    0.92
        5   14     2               106.447
        5   20     3               300.000
        5   25     4                                              33  80.000
        5   31     2               106.447
        6   14    11    0.92
        6   18     2               106.447
        7   25     5
       11   10     2                85.157
                   0
```

图 3.31　.mgt 文件示意图

3.5.6　地下水参数

SWAT 把地下水分成两个蓄水系统：对流域河流进行回流的浅层、无限制蓄水层和对流域外河流进行回流的深层蓄水层。控制水分运动进出蓄水层的特征在地下水输入文件中进行初始化。地下水参数的选取主要依据《中华人民共和国区域水文地质普查报告——景泰幅》及相应的参考文献确定。以景电灌区典型地块为例，各变量的定义及取值如表 3.13 所示。其中，地下水迟滞时间 δ_{gw} 不能直接测定，由于同一区域的检测井有相似的 δ_{gw} 值，因此，景电灌区的地下水迟滞时间采用其相邻流域的迟滞时间，此处取值为 3。基流衰退常数 α_{gw} 是地下水复水（recharge）的一个直接指数（Smedema and Rycroft，1983）。复水慢的土壤该值范围为 0.1～0.3，复水快的土壤该值范围为 0.9～1.0。尽管基流的衰退常数可以计算，但是最好的估算是通过分析检测到的流域内无回流（到地下水）时期的河流流量获取，由于景电灌区内包气带很厚，因此，入渗的地下水到以基流的形式补给河流需要较长的时间，且在监测期未观测到地下水向河水的补给，因此，该值在景电灌区的取值为 0。GW_REVAP 用来描述水分会从浅层蓄水层进入其上的未饱和区域的情况。在浅层蓄水层上的土壤干燥期，毛管中分割饱和和非饱和区域的水将消失，并向上扩散。当水有毛管蒸发，其下的地下水会对其进行补充。深根作用会直接把蓄水层中的水带走。该过程在饱和区浅或者有深根作物生长的流域尤为显著。因为该种类型的作物覆盖会影响"revap"在水分平衡中的重要性，控制"revap"的参数根据土地利用类型的不同而异。当 GW_REVAP 趋于 0 时，水分从浅层蓄水层向根层的运动受到限制，当 GW_REVAP 趋向于 1 时，水分从浅层蓄水层向根层的运动接近潜在蒸散发的速率。由于景电灌区的地下水位埋深均大于 15m 以上，水分向上运动受到极大限制，因此，根据 SWAT 的取值范围 0.02～0.20，景电灌区该值取为 0.02。对 RCHRG_DP 而言，由于灌区研究对象为农田，无多年生树木，因此，深层蓄水层的过滤比例取值为 0。

表 3.13　地下水参数及定义

变量名	定义
SHALLST	浅层蓄水层中的初始水深（mm H₂O），有 1 年的平衡期，该值不重要
DEEPST	深层蓄水层中的初始水深（mm H₂O），缺省值 1000.0mm。有 1 年的平衡期，该值不重要
GW_DELAY	地下水迟滞时间（d）
ALPHA_BF	基流衰退常数 α_{gw}（d）
GWQMN	回归流产生时需要浅层蓄水中的初始水深（mm H₂O） 只有在浅层蓄水层的水深等于或大于 GWAMN 时才会使地下水进入河流
GW_REVAP	地下水"回归"系数
REVAPMN	"revap"或过滤到深层蓄水层发生时的初始浅层蓄水层水深（mm H₂O）
RCHRG_DP	深层蓄水层过滤比例，由根层经过滤补充到深层蓄水层的水的比例，取值范围 0.0~1.0
SHALLST_N	地下水中硝态氮浓度对子流域内河流的贡献（mg N/L）可选
HLIFE_NGW	浅层地下水中氮的半衰期（d）
GWSOLP	地下水中可溶态磷浓度对子流域内河流的贡献（mg P/L）可选

3.5.7　黄河引水量

引黄水量是模型模拟所需要的一个重要数据，在本章中引黄水量主要指用于农业灌溉的水量。本书在模拟计算的过程中，时间步长为日，实际计算过程中，根据每个子流域的土地面积和种植结构，将年引黄水量按比例分配到每个子流域及 HRU。

3.5.8　灌溉制度

2014 年、2015 年和 2016 年各作物的实际灌水量如表 3.14~表 3.16 所示。

表 3.14　2014 年灌区灌溉制度

作物名称	灌水次数	灌水定额 /（m³/亩）	总灌溉定额 /（m³/亩）	灌水时间 始	灌水时间 终
小麦+夏杂	冬灌	100.000	290	10/10	18/11
	1	50.000		27/4	13/5
	2	50.000		14/5	30/5
	3	50.000		31/5	17/6
	4	40.000		18/6	5/7
玉米	春灌	90.000	290	20/3	26/4
	1	50.000		18/6	5/7
	2	50.000		6/7	23/7
	3	55.000		24/7	10/8
	4	45.000		11/8	28/8

续表

作物名称	灌水次数	灌水定额 /（m³/亩）	总灌溉定额 /（m³/亩）	灌水时间	
				始	终
谷子	春灌	90.000	245	20/3	26/4
	1	50.000		18/6	5/7
	2	55.000		6/7	23/7
	3	50.000		24/7	10/8
洋芋	春灌	90.000	245	20/3	26/4
	1	50.000		6/7	23/7
	2	55.000		24/7	10/8
	3	50.000		11/8	28/8
胡麻	冬灌	100.000	285	10/10	18/11
	1	50.000		14/5	30/5
	2	50.000		31/5	17/6
	3	45.000		18/6	5/7
	4	40.000		6/7	23/7
甜菜	春灌	90.000	345	20/3	26/4
	1	50.000		18/6	5/7
	2	50.000		6/7	23/7
	3	55.000		24/7	10/8
	4	55.000		11/8	28/8
	5	45.000		29/8	10/9
烟叶	烟叶	100.000	450	10/10	18/11
	1	50.000		27/4	13/5
	2	50.000		14/5	30/5
	3	50.000		31/5	17/6
	4	50.000		18/6	5/7
	5	50.000		6/7	23/7
	6	50.000		24/7	10/8
	7	50.000		11/8	28/8
果树	冬灌	100.000	350	10/10	18/11
	1	65.000		20/3	26/4
	2	60.000		31/5	17/6
	3	65.000		6/7	23/7
	4	60.000		11/8	28/8
瓜菜	春灌	90.000	410	20/3	26/4
	1	40.000		27/4	13/5
	2	40.000		14/5	30/5

作物名称	灌水次数	灌水定额 /（m³/亩）	总灌溉定额 /（m³/亩）	灌水时间	
				始	终
瓜菜	3	40.000	410	31/5	17/6
	4	40.000		18/6	5/7
	5	40.000		6/7	23/7
	6	40.000		24/7	10/8
	7	40.000		11/8	28/8
	8	40.000		29/8	10/9
牧草	冬灌	100.000	340	10/10	18/11
	1	60.000		27/4	13/5
	2	60.000		31/6	17/6
	3	60.000		6/7	23/7
	4	60.000		11/8	28/8
套复种豆类或绿肥	1	60.000	120	24/7	10/8
	2	60.000		11/8	28/8
大豆	春灌	125.000	385	20/3	26/4
	1	40.000		14/6	29/6
	2	80.000		30/6	20/7
	3	80.000		21/7	10/8
	4	60.000		11/8	28/8
油花葵	春灌	125.000	325	20/3	26/4
	1	20.000		28/4	8/5
	2	40.000		11/5	1/6
	3	80.000		3/6	27/6
	4	60.000		2/7	16/7
洋葱	冬灌	125.000	365	10/10	18/11
	1	60.000		20/3	26/4
	2	60.000		3/5	28/5
	3	60.000		5/6	1/7
	4	60.000		2/7	10/8
枸杞	冬灌	125.000	275	10/10	18/11
	1	50.000		4/5	27/6
	2	50.000		28/6	7/8
	3	50.000		8/8	10/9

续表

作物名称	灌水次数	灌水定额 /（m³/亩）	总灌溉定额 /（m³/亩）	灌水时间	
				始	终
孜然	冬灌	125.000	205	10/10	18/11
	1	0.000		19/3	17/5
	2	60.000		18/5	24/5
	3	20.000		25/5	18/7
苜蓿	冬灌	125.000	320	10/10	18/11
	1	30.000		25/5	15/6
	2	35.000		16/6	29/6
	3	30.000		30/6	5/7
	4	50.000		6/7	27/8
	5	50.000		28/8	28/9
甘草	冬灌	125.000	375	10/10	18/11
	1	50.000		27/4	24/5
	2	50.000		25/5	19/6
	3	50.000		20/6	24/7
	4	50.000		25/7	19/8
	5	50.000		20/8	28/8
茴香	冬灌	125.000	205	10/10	18/11
	1	0.000		19/3	17/5
	2	60.000		18/5	24/5
	3	20.000		25/5	18/7

表 3.15　2015 年灌区灌溉制度

作物名称	灌水次数	灌水定额 /（m³/亩）	总灌溉定额 /（m³/亩）	灌水时间	
				始	终
小麦+夏杂	冬灌	100	290	10/10	18/11
	1	50		27/4	13/5
	2	50		14/5	30/5
	3	50		31/5	17/6
	4	40		18/6	5/7
玉米	春灌	90	290	20/3	26/4
	1	50		18/6	5/7
	2	50		6/7	23/7
	3	55		24/7	10/8
	4	45		11/8	28/8

续表

作物名称	灌水次数	灌水定额/（m³/亩）	总灌溉定额/（m³/亩）	灌水时间	
				始	终
谷子	春灌	90	245	20/3	26/4
	1	50		18/6	5/7
	2	55		6/7	23/7
	3	50		24/7	10/8
洋芋	春灌	90	245	20/3	26/4
	1	50		6/7	23/7
	2	55		24/7	10/8
	3	50		11/8	28/8
胡麻	冬灌	100	285	10/10	18/11
	1	50		14/5	30/5
	2	50		31/5	17/6
	3	45		18/6	5/7
	4	40		6/7	23/7
甜菜	春灌	90	345	20/3	26/4
	1	50		18/6	5/7
	2	50		6/7	23/7
	3	55		24/7	10/8
	4	55		11/8	28/8
	5	45		29/8	10/9
烟叶	烟叶	100	430	10/10	18/11
	1	50		27/4	13/5
	2	50		14/5	30/5
	3	50		31/5	17/6
	4	50		18/6	5/7
	5	45		6/7	23/7
	6	45		24/7	10/8
	7	40		11/8	28/8
果树	冬灌	100	350	10/10	18/11
	1	65		20/3	26/4
	2	60		31/5	17/6
	3	65		6/7	23/7
	4	60		11/8	28/8
瓜菜	春灌	90	490	20/3	26/4
	1	50		27/4	13/5
	2	50		14/5	30/5
	3	50		31/5	17/6
	4	50		18/6	5/7
	5	50		6/7	23/7
	6	50		24/7	10/8
	7	50		11/8	28/8
	8	50		29/8	10/9

续表

作物名称	灌水次数	灌水定额 /（m³/亩）	总灌溉定额 /（m³/亩）	灌水时间	
				始	终
牧草	冬灌	100	340	10/10	18/11
	1	60		27/4	13/5
	2	60		31/6	17/6
	3	60		6/7	23/7
	4	60		11/8	28/8
套复种豆类或绿肥	1	60	120	24/7	10/8
	2	60		11/8	28/8
大豆	春灌	125	439	20/3	26/4
	1	40		14/6	29/6
	2	107		30/6	20/7
	3	107		21/7	10/8
	4	60		11/8	28/8
油花葵	春灌	125	325	20/3	26/4
	1	20		28/4	8/5
	2	40		11/5	1/6
	3	80		3/6	27/6
	4	60		2/7	16/7
洋葱	冬灌	125	685	10/10	18/11
	1	120		20/3	26/4
	2	100		3/5	28/5
	3	220		5/6	1/7
	4	120		2/7	10/8
枸杞	冬灌	125	625	10/10	18/11
	1	200		4/5	27/6
	2	200		28/6	7/8
	3	200		8/8	10/9
孜然	冬灌	125	205	10/10	18/11
	1	0		19/3	17/5
	2	60		18/5	24/5
	3	20		25/5	18/7

作物名称	灌水次数	灌水定额 /（m³/亩）	总灌溉定额 /（m³/亩）	灌水时间	
				始	终
苜蓿	冬灌	125	425	10/10	18/11
	1	30		25/5	15/6
	2	35		16/6	29/6
	3	30		30/6	5/7
	4	155		6/7	27/8
	5	50		28/8	28/9
甘草	冬灌	125	500	10/10	18/11
	1	85		27/4	24/5
	2	95		25/5	19/6
	3	95		20/6	24/7
	4	50		25/7	19/8
	5	50		20/8	28/8
茴香	冬灌	125	205	10/10	18/11
	1	0		19/3	17/5
	2	60		18/5	24/5
	3	20		25/5	18/7

表 3.16 2016 年灌区灌溉制度

作物名称	灌水次数	灌水定额 /（m³/亩）	总灌溉定额 /（m³/亩）	灌水时间	
				始	终
小麦+夏杂	冬灌	100	290	10/10	18/11
	1	50		27/4	13/5
	2	50		14/5	30/5
	3	50		31/5	17/6
	4	40		18/6	5/7
玉米	春灌	90	290	20/3	26/4
	1	50		18/6	5/7
	2	50		6/7	23/7
	3	55		24/7	10/8
	4	45		11/8	28/8
谷子	春灌	90	245	20/3	26/4
	1	50		18/6	5/7
	2	55		6/7	23/7
	3	50		24/7	10/8

续表

作物名称	灌水次数	灌水定额 /（m³/亩）	总灌溉定额 /（m³/亩）	灌水时间	
				始	终
洋芋	春灌	90	245	20/3	26/4
	1	50		6/7	23/7
	2	55		24/7	10/8
	3	50		11/8	28/8
胡麻	冬灌	100	285	10/10	18/11
	1	50		14/5	30/5
	2	50		31/5	17/6
	3	45		18/6	5/7
	4	40		6/7	23/7
甜菜	春灌	90	345	20/3	26/4
	1	50		18/6	5/7
	2	50		6/7	23/7
	3	55		24/7	10/8
	4	55		11/8	28/8
	5	45		29/8	10/9
烟叶	烟叶	100	430	10/10	18/11
	1	50		27/4	13/5
	2	50		14/5	30/5
	3	50		31/5	17/6
	4	50		18/6	5/7
	5	45		6/7	23/7
	6	45		24/7	10/8
	7	40		11/8	28/8
果树	冬灌	100	350	10/10	18/11
	1	65		20/3	26/4
	2	60		31/5	17/6
	3	65		6/7	23/7
	4	60		11/8	28/8
瓜菜	春灌	90	490	20/3	26/4
	1	50		27/4	13/5
	2	50		14/5	30/5
	3	50		31/5	17/6
	4	50		18/6	5/7

续表

作物名称	灌水次数	灌水定额 /（m³/亩）	总灌溉定额 /（m³/亩）	灌水时间	
				始	终
瓜菜	5	50	490	6/7	23/7
	6	50		24/7	10/8
	7	50		11/8	28/8
	8	50		29/8	10/9
牧草	冬灌	100	340	10/10	18/11
	1	60		27/4	13/5
	2	60		31/6	17/6
	3	60		6/7	23/7
	4	60		11/8	28/8
套复种豆类或绿肥	1	60	120	24/7	10/8
	2	60		11/8	28/8
大豆	春灌	125	439	20/3	26/4
	1	40		14/6	29/6
	2	107		30/6	20/7
	3	107		21/7	10/8
	4	60		11/8	28/8
油花葵	春灌	125	325	20/3	26/4
	1	20		28/4	8/5
	2	40		11/5	1/6
	3	80		3/6	27/6
	4	60		2/7	16/7
洋葱	冬灌	125	685	10/10	18/11
	1	120		20/3	26/4
	2	100		3/5	28/5
	3	220		5/6	1/7
	4	120		2/7	10/8
枸杞	冬灌	125	625	10/10	18/11
	1	200		4/5	27/6
	2	200		28/6	7/8
	3	200		8/8	10/9
孜然	冬灌	125	205	10/10	18/11
	1	0		19/3	17/5
	2	60		18/5	24/5
	3	20		25/5	18/7

续表

作物名称	灌水次数	灌水定额 /（m³/亩）	总灌溉定额 /（m³/亩）	灌水时间	
				始	终
苜蓿	冬灌	125	425	10/10	18/11
	1	30		25/5	15/6
	2	35		16/6	29/6
	3	30		30/6	5/7
	4	155		6/7	27/8
	5	50		28/8	28/9
甘草	冬灌	125	500	10/10	18/11
	1	85		27/4	24/5
	2	95		25/5	19/6
	3	95		20/6	24/7
	4	50		25/7	19/8
	5	50		20/8	28/8
茴香	冬灌	125	205	10/10	18/11
	1	0		19/3	17/5
	2	60		18/5	24/5
	3	20		25/5	18/7

3.6 模型验证

本节对前面所构建的灌区分布式水文模型进行模型率定和验证。作为流域水循环模型，流域出口径流过程即灌区出流量必须满足模拟精度要求。区别于自然流域水循环模拟对象，灌区水循环过程关心的主要对象为灌区蒸散发和作物产量。因此，本研究采用作物产量数据来率定验证模型。

通常将可利用的观测数据划分为两个数据集用于率定和验证模型：一组用于率定；另一组用于验证。数据经常按照时间段来划分，保证用于率定和验证的气象数据没有太大的差别，都包含不同的气象条件，如干旱年、平水年和丰水年；也可以根据空间位置来划分，流域内一个监测站点用于率定阶段，其余测站数据用于验证，当数据有限而且没有长系列的时间序列，这种处理方法是非常必要的。

根据参数敏感性分析的结果，在需要进行率定的参数中，假定地下水和河道部分的参数在各子流域中是相同的，其他在水文相应单元上的参数，其变化则根据土地利用类型或者土壤类型来划分。另外，作物生长数据库中的作物参数定义了作物在最优生长条件下的生长状况，能够定量化水分、温度和养分胁迫对作物生长的影响。考虑到即使是相同作物，不同种植区作物生长过程及耗水量都有着一定的差异性。没有标准的模型优化率定步骤适合所有的资料。考虑到本研究区收集的资料，模型率定主要根据 LAI 率定作物参数以更好地反映该研究区的作物特性。

　　作物生长数据库中的作物参数定义了作物在最优生长条件下的生长状况，能够定量化水分、温度和养分胁迫对作物生长的影响。考虑到不同地区作物品种在作物生长过程及耗水量上有着一定的差异性。因此在进行参数率定之前，调整 SWAT 模型作物数据库中默认的作物参数是十分必要的。农田蒸散发模拟的关键在于模型中作物叶面积指数变化过程应该符合作物实际生长过程。本书仅选取典型观测站点内监测的 LAI 作为目标变量，采用 SUFI-2 方法率定主要作物春小麦和玉米的作物参数。LAI 实测值是分别采用 3 块小麦地、3 块玉米地的平均值，并计算其标准偏差。本书选择 SWAT 模型作物模块中对作物生长曲线起控制性作用的 10 个主要参数参与率定（表 3.17），其余参数如作物最大高度等直接采用实测值，剩余参数采用模型默认值。

表 3.17　SWAT 模型中作物参数的率定值

模型参数	含义	春小麦	玉米
BLAI	最大潜在叶面积指数	5.6	5
LAIMX_1	叶面积指数曲线上第一个点对应的叶面积指数比例	0.08	0.1
0.07FRGRW1	叶面积指数曲线上第一个点对应的积温比例	0.1	0.15
LAIMX_2	叶面积指数曲线上第二个点对应的叶面积指数比例	0.94	0.95
FRGRW1	叶面积指数曲线上第二个点对应的积温比例	0.5	0.65
DLAI	叶面积指数开始衰减时对应的积温比例	0.67	0.74
EXT_COEF	消光系数	0.56	0.55
GSI	最大气孔导度	0.007	0.007
T-BASE	作物基础温度	0.8	9
T_OPT	作物最优生长温度	18	2.2

　　表 3.17 给出了研究区春小麦、玉米和葵花 3 种作物的模型参数率定值。率定值是通过赋予不断缩小参数范围寻求得到的最佳模拟对应的最佳参数方案获得。首先，SWAT 模型使用积温-叶面积指数曲线控制作物冠层的生长，在模拟作物生长时，潜在最大叶面积指数（BLAI）与叶面积指数、光合辐射利用率（BIOE）与地上部生物量、收获指数（HVSTI）与产量之间表现为线性关系，这 3 个参数对叶面积指数和作物产量影响最大，这里光合辐射利用率和收获指数暂不率定。其次，作物生长数据库中的 BLAI 值定义了在雨养农业、平均种植密度的条件下的测定值，对于灌溉条件下种植密度大得多的情况，需要调整 BLAI 值，取值要明显偏大。最后，叶面积指数曲线上的两点影响作物生长曲线的形状，反映作物生长的动态变化，对不同生育阶段的作物耗水过程有重要影响。

　　率定后的春小麦、玉米和葵花叶面积指数的模型模拟值与实测值拟合的较好。虽然只有一年数据可以对比，数据量较少，但是可以看出模型能够很好模拟春小麦、玉米生育期内叶面积指数的动态变化趋势。3 种作物生长阶段模拟精度较高，但是自 LAI 达到峰值之后作物衰减阶段模拟值比实际值均略微偏低，这主要是由作物后期线性衰减的模型假设所致。虽然实验数据年份不足，作物参数的代表性还需进一步验证，但是如果直接使用默认值模拟，春小麦和玉米的叶面积指数会明显低于实测值。

每一种农作物都需要温度达到一定值时才能够开始发育和生长，农学上使用全生育期内累积有效热量单位（Hu）的总和，即成熟所需的总积温（PHU）来衡量农作物对热量条件的要求。本研究根据研究区日平均气温资料和基温率定值（T BASE）计算了2014～2016 年 3 年春小麦和玉米平均总积温（表 3.18），结果表明研究区小麦、玉米达到成熟所需的累积热量分别为 1956℃和 1782℃与相关研究成果相近。

表 3.18　春小麦和玉米积温

	生育年	分蘖	拔节	抽穗	灌浆	总积温/℃
春小麦	2014	0.17	0.37	0.59	0.78	1902
	2015	0.16	0.38	0.60	0.77	2048
	2016	0.15	0.34	0.57	0.73	1890
	生育年	拔节	喇叭口	抽雄	灌浆	总积温/℃
玉米	2014	0.29	0.43	0.64	0.81	1733
	2015	0.31	0.45	0.65	0.82	1867
	2016	0.26	0.42	0.62	0.84	1745

利用率定过的参数，采用 2014 年、2015 年、2016 年的作物产量数据验证率定参数的合理性，为应用 SWAT 模型进行水循环模拟和耗水系数的研究提供基础。

由模拟结果图 3.32 可以看出，模拟产量与实测产量基本吻合，模拟值和实测值数据点围绕在 1∶1 线附近。由于作物产量和蒸散发成比例关系，对作物产量模拟结果的验证进一步证明了模型的可靠性和参数的合理性。

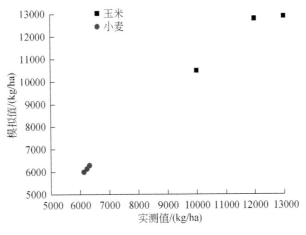

图 3.32　作物产量模拟验证

3.7　模型结果及分析

按照上述步骤构建流域结构文件、控制输入/输出文件、输入控制代码文件、流域输入文件、降雨输入文件、温度输入文件、太阳辐射输入文件、风速输入文件、相对湿度输入文件、土地覆盖/作物生长数据库文件、耕作数据库文件、杀虫剂数据库文件、肥料数据库文件、HRU 输入文件、管理输入文件、土壤输入文件等 SWAT 需要的输入文件将放入 SWAT 文件夹下，利用 Visual Fortran 运行主程序 main.exe，经编译、构建成功后即可运行模型，模型运行成功界面如图 3.33 所示。

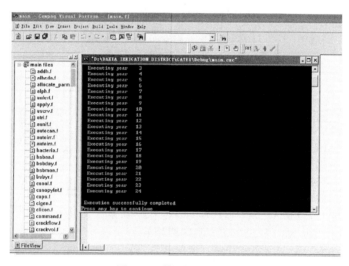

图 3.33　模型运行界面

景电灌区一期工程和二期工程共有 9 个子区域，每个子区域又可划分为不同的 HRU，共产生 258 个 HRU。SWAT 将子区域和 HRU 的输出结果分别放入到 ".bsb" 和 ".sbs" 文件中，共输出 9 个 ".bsb" 文件以及 258 个 ".sbs" 文件。其中，".bsb" 文件记录了 9 个子区域中逐月的在整个模拟期内的水量平衡要素；".sbs" 文件记录了每个子区域内各 HRU 逐月的在整个模拟期内水量平衡要素。图 3.34 和图 3.35 分别为景电灌区第一个子区域以及第一个子区域中第一个 HRU 的输出结果。

运行模型，并将模型所得的结果进行整理统计，其结果分别如表 3.19～表 3.21 所示。其中，表 3.19～表 3.21 统计了 2014 年、2015 年、2016 年每个子区域的总引水量、蒸腾蒸发量、入渗水量和深层渗漏量。

在扣除退水量后，2014 年总供水量为 34750 万 m^3，2015 年总供水量为 34769 万 m^3，2016 年总供水量为 34804 万 m^3。由于 3 年总供水量相差不大，从表 3.19～表 3.21 可以看出，2014 年、2015 年和 2016 年 3 年间，各子区域的取水量并没有产生太大变化。以一期总干所为例，其 2014 年、2015 年和 2016 年的取水量分别为 669mm、655.50mm 和

687.3mm。对于 2014 年，在各个子区域中，灌溉水量最大的为直滩所，灌溉水量最小的是海子滩所，但各自区域的蒸腾蒸发量和入渗水量并没有产生大的差异。

SWAT Feb.'01 VERSION2000　　8/28/2017　　10:37:56

The Control file of Input and Output files of The Yellow River's SWAT model, 80

	SUB	GIS	MON AREAkm2	PRECIPmm	SNOMELTmm	PETmm	ETmm	SWmm	PERCmm	SURQmm	GW_Qmm	WYLDmm
BIGSUB	1	0	1.27427E-01	0.000	0.000	55.569	3.401	201.683	0.000	0.000	0.000	0.000
BIGSUB	1	0	2.27427E-01	10.000	10.000	34.927	6.397	201.862	0.000	3.248	0.000	3.248
BIGSUB	1	0	3.27427E-01	0.000	0.000	134.999	23.512	228.462	75.487	0.000	55.984	55.784
BIGSUB	1	0	4.27427E-01	46.500	0.000	127.531	45.818	233.334	39.525	6.305	16.597	14.593
BIGSUB	1	0	5.27427E-01	10.600	0.000	204.460	50.887	254.895	20.248	0.000	26.201	34.711
BIGSUB	1	0	6.27427E-01	28.000	0.000	179.556	68.245	238.374	69.123	1.649	39.919	41.493
BIGSUB	1	0	7.27427E-01	49.800	0.000	212.533	93.551	228.545	109.848	11.314	72.181	82.582
BIGSUB	1	0	8.27427E-01	40.100	0.000	153.313	62.500	226.486	46.185	8.571	28.955	38.369
BIGSUB	1	0	9.27427E-01	35.400	0.000	109.995	34.826	226.343	0.000	0.401	0.452	0.999
BIGSUB	1	0	10.27427E-01	15.000	0.000	92.982	20.534	226.476	27.150	0.199	22.403	22.601
BIGSUB	1	0	11.27427E-01	3.700	1.900	48.747	13.648	227.163	8.251	0.000	3.731	3.732
BIGSUB	1	0	12.27427E-01	0.000	0.000	45.056	6.389	220.774	0.000	0.000	0.000	0.001
BIGSUB	1	0	2014.27427E-01	239.100	11.900	1399.668	429.708	220.774	395.817	31.688	266.424	298.113
BIGSUB	1	0	1.27427E-01	0.300	0.300	50.463	2.545	218.529	0.000	0.000	0.000	0.000
BIGSUB	1	0	2.27427E-01	0.400	0.200	62.182	0.509	218.420	0.000	0.000	0.000	0.000
BIGSUB	1	0	3.27427E-01	0.000	0.000	118.802	19.092	232.940	91.987	0.000	71.240	70.996
BIGSUB	1	0	4.27427E-01	7.700	0.000	150.442	21.890	231.505	37.438	0.000	15.772	7.932
BIGSUB	1	0	5.27427E-01	27.700	0.000	187.192	53.160	280.844	23.206	4.041	28.021	40.146
BIGSUB	1	0	6.27427E-01	15.700	0.000	185.472	74.110	227.032	69.903	0.073	40.960	40.960
BIGSUB	1	0	7.27427E-01	17.700	0.000	218.682	105.656	219.111	74.894	0.142	41.647	41.207
BIGSUB	1	0	8.27427E-01	33.500	0.000	191.714	86.671	212.003	23.295	5.713	8.370	14.638
BIGSUB	1	0	9.27427E-01	40.400	0.000	114.667	45.270	205.197	0.000	1.766	0.358	2.226
BIGSUB	1	0	10.27427E-01	11.200	0.000	101.616	22.137	204.578	22.700	0.000	18.239	18.239
BIGSUB	1	0	11.27427E-01	10.800	0.000	46.944	18.896	206.819	8.539	0.000	3.982	3.982
BIGSUB	1	0	12.27427E-01	1.900	1.900	33.889	7.915	200.798	0.000	0.000	0.000	0.001
BIGSUB	1	0	2015.27427E-01	167.300	2.400	1462.066	457.850	200.798	351.963	11.736	228.590	240.327
BIGSUB	1	0	1.27427E-01	1.500	0.000	30.780	3.494	197.304	0.000	0.000	0.000	0.000
BIGSUB	1	0	2.27427E-01	4.700	6.200	53.471	9.510	193.527	0.000	0.439	0.000	0.439
BIGSUB	1	0	3.27427E-01	15.900	0.100	108.394	26.748	232.666	73.718	1.739	55.038	56.646
BIGSUB	1	0	4.27427E-01	3.900	0.000	156.614	31.024	218.932	36.802	0.000	21.448	15.427
BIGSUB	1	0	5.27427E-01	35.500	0.000	199.670	62.223	228.243	42.931	2.922	20.251	27.665
BIGSUB	1	0	6.27427E-01	26.200	0.000	218.180	76.629	229.123	41.023	2.141	35.336	39.034
BIGSUB	1	0	7.27427E-01	106.400	0.000	209.048	104.830	232.361	99.948	53.366	64.199	117.020
BIGSUB	1	0	8.27427E-01	25.500	0.000	170.197	59.040	236.146	34.535	3.076	18.100	21.596
BIGSUB	1	0	9.27427E-01	20.200	0.000	131.751	33.754	222.502	0.000	0.014	0.408	0.661
BIGSUB	1	0	10.27427E-01	21.500	0.000	90.405	22.068	227.570	27.194	0.028	22.467	22.494
BIGSUB	1	0	11.27427E-01	0.000	0.000	72.666	15.659	222.370	8.427	0.000	3.881	3.882

图 3.34　景电灌区第一个子区域输出结果示意图

27	1	1	1	0.006	0.000	0.000	7.138	219.445	0.000	0.000	0.000	0.000	0.000	0.000	20.000	560.057	0.000	0.000
19	2	1	1	0.016	0.000	0.000	2.035	193.283	0.000	0.000	0.000	0.000	0.000	0.000	20.000	527.514	0.000	0.000
65	3	1	1	0.000	0.000	0.000	0.083	220.748	0.000	0.000	0.000	0.000	0.000	0.000	20.000	564.946	0.000	0.000
88	4	1	1	0.001	0.000	0.000	0.262	219.261	0.000	0.000	0.000	0.000	0.000	0.000	20.297	548.721	0.000	0.000
56	5	1	1	0.000	0.000	0.000	1.083	192.786	0.000	0.000	0.000	0.000	0.000	0.000	20.112	854.808	0.000	0.000
74	6	1	1	0.000	0.000	0.000	1.065	207.669	0.000	0.000	0.000	0.000	0.000	0.000	22.971	710.519	0.000	0.000
24	7	1	1	0.003	0.000	0.000	4.682	204.796	0.000	0.000	0.000	0.000	0.000	0.000	20.000	624.811	0.000	0.000
27	1	1	2	0.006	10.000	0.000	6.100	219.580	0.000	0.000	0.000	0.000	0.000	0.000	20.000	560.057	3.765	0.000
19	2	1	2	0.016	10.000	0.000	6.261	193.757	0.000	0.000	0.000	0.000	0.000	0.000	20.000	527.514	3.265	0.000
65	3	1	2	0.000	10.000	0.000	5.579	221.374	0.000	0.000	0.000	0.000	0.000	0.000	23.193	564.946	3.796	3.193
88	4	1	2	0.001	10.000	0.000	5.393	220.091	0.000	0.000	0.000	0.000	0.000	0.000	23.467	548.721	3.767	3.170
56	5	1	2	0.000	10.000	0.000	5.989	193.537	0.000	0.000	0.000	0.000	0.000	0.000	22.856	854.808	3.261	2.744
74	6	1	2	0.000	10.000	0.000	6.215	207.907	0.000	0.000	0.000	0.955	0.000	0.000	25.000	710.519	3.547	2.984
24	7	1	2	0.003	10.000	0.000	7.933	203.387	0.000	0.000	0.000	0.000	0.000	0.000	20.000	624.811	3.476	0.000
27	1	1	3	0.006	0.000	0.000	2.644	216.936	0.000	0.000	0.000	0.000	0.000	0.000	20.000	560.057	0.000	0.000
19	2	1	3	0.016	0.000	191.604	33.374	239.400	112.587	112.127	8.268	1.060	0.000	0.000	20.000	535.781	0.000	0.000
65	3	1	3	0.000	0.000	0.000	0.823	220.552	0.000	0.000	0.000	0.000	0.000	0.000	23.193	564.946	0.000	0.000
88	4	1	3	0.001	0.000	191.604	31.815	238.437	141.444	140.866	10.387	1.060	0.000	0.000	20.000	559.108	0.000	0.000
56	5	1	3	0.000	0.000	266.117	34.531	237.027	188.096	187.327	14.298	1.393	0.000	0.000	20.000	869.106	0.000	0.000
74	6	1	3	0.000	0.000	266.117	38.219	232.715	203.090	202.260	15.438	1.393	0.000	0.000	20.000	725.957	0.000	0.000
24	7	1	3	0.003	0.000	0.000	10.444	192.944	0.000	0.000	0.000	0.000	0.000	0.000	20.000	624.811	0.000	0.000
27	1	1	4	0.006	46.500	212.894	42.536	256.068	171.374	108.329	8.666	0.717	0.000	0.000	27.554	568.724	6.352	0.132
19	2	1	4	0.016	46.500	0.000	47.411	231.624	0.000	0.460	0.000	0.000	0.000	0.000	20.033	535.781	6.865	0.034
65	3	1	4	0.000	46.500	0.000	31.714	228.688	0.000	0.000	0.000	0.000	0.000	0.000	24.076	564.946	6.650	1.682
88	4	1	4	0.001	46.500	85.157	52.649	254.660	55.842	43.960	1.713	0.717	0.000	0.000	23.404	560.821	6.942	1.794
56	5	1	4	0.000	46.500	0.000	47.670	229.040	0.000	0.769	0.000	1.816	0.000	0.000	25.000	869.106	6.817	6.816
74	6	1	4	0.000	46.500	42.579	56.434	255.003	3.756	3.204	0.000	0.000	0.000	0.000	2.374	725.957	6.601	1.663
24	7	1	4	0.003	46.500	0.000	42.001	192.805	0.000	0.000	0.000	0.000	0.000	0.000	20.073	624.811	4.639	0.072
27	1	1	5	0.006	10.600	212.894	89.485	326.861	63.216	126.248	6.550	2.000	0.000	0.000	0.008	575.274	0.000	0.000
19	2	1	5	0.016	10.600	0.000	31.242	210.982	0.000	0.000	0.000	0.000	0.000	0.000	20.033	535.781	0.000	0.000
65	3	1	5	0.000	10.600	319.341	64.802	328.287	165.540	165.506	12.156	2.097	0.000	0.000	0.022	577.102	0.000	0.000
88	4	1	5	0.001	10.600	170.314	79.915	309.813	45.846	58.297	2.121	1.213	0.000	0.000	0.006	562.942	0.000	0.000
56	5	1	5	0.000	10.600	0.000	24.389	215.252	0.000	0.000	0.000	0.000	0.000	0.000	25.000	869.106	0.000	0.000
74	6	1	5	0.000	10.600	85.157	85.943	218.749	46.068	47.447	1.737	1.068	0.000	0.000	20.000	727.694	0.000	0.000
24	7	1	5	0.003	10.600	212.894	65.702	329.461	21.136	21.131	0.000	0.000	0.000	0.000	0.003	624.811	0.000	0.000
27	1	1	6	0.006	28.000	106.447	102.915	235.822	120.822	120.679	4.555	2.050	0.000	0.000	20.000	579.829	1.741	0.000
19	2	1	6	0.016	28.000	106.447	53.736	241.129	48.711	48.590	1.836	1.012	0.000	0.000	20.000	537.617	1.847	0.000
65	3	1	6	0.000	28.000	106.447	99.383	237.644	123.925	123.798	4.873	2.272	0.000	0.000	21.462	581.975	1.775	1.737
88	4	1	6	0.001	28.000	85.157	92.241	241.408	87.459	87.352	2.679	1.712	0.000	0.000	21.618	565.621	1.856	1.816
56	5	1	6	0.000	28.000	255.472	61.781	403.195	32.103	32.093	0.000	0.000	0.000	0.000	0.007	869.106	1.638	1.603
74	6	1	6	0.000	28.000	170.315	70.705	224.715	120.222	120.224	8.828	1.793	0.000	0.000	21.385	736.522	1.416	1.386
24	7	1	6	0.003	28.000	0.000	68.764	226.731	60.508	60.512	2.281	1.038	0.000	0.000	20.195	627.092	1.452	0.195
27	1	1	7	0.006	49.800	0.000	57.798	218.271	0.000	0.156	0.000	0.000	0.000	0.000	20.033	579.829	9.560	0.056
19	2	1	7	0.016	49.800	223.538	109.367	234.011	158.989	156.644	9.526	2.758	0.000	0.000	20.000	547.143	12.106	0.084

图 3.35　景电灌区第一个子区域中第一个 HRU 的输出结果示意图

表 3.19　2014 年景电灌区各子区域水平衡要素统计表　　（单位：mm）

子区域	总引水量	降水量	蒸腾蒸发量	入渗水量	深层渗漏水量
一期总干所	669	239	429	396	133.8
一期北干所	650	239	425.6	388.2	130
一期西干所	623	239	422.9	384.2	124.6
二期总干所	606	239	433.1	390.54	121.2
漫水滩所	613	239	426.1	397.9	122.6
四个山所	610	239	425.9	397.1	122

续表

子区域	总引水量	降水量	蒸腾蒸发量	入渗水量	深层渗漏水量
直滩所	820	239	426	403.9	164
海子滩所	509	239	426.1	396.2	101.8
裴家营所	641	245	400.3	402.7	128.2
合计	629	246	400.4	403.3	132.09

表 3.20　2015 年景电灌区各子区域水平衡要素统计表　　　（单位：mm）

子区域	总引水量	降水量	蒸腾蒸发量	入渗水量	深层渗漏水量
一期总干所	655.50	167.00	454.80	347.00	131.10
一期北干所	639.98	167.00	444.40	344.00	128.00
一期西干所	634.25	167.00	444.30	342.30	126.85
二期总干所	641.56	167.00	470.60	341.20	128.31
漫水滩所	624.31	167.00	452.60	351.20	124.86
四个山所	626.08	167.00	451.20	319.60	125.22
直滩所	600.88	167.00	454.90	356.20	120.18
海子滩所	639.27	167.00	445.80	345.60	127.85
裴家营所	630.11	167.00	450.60	356.70	126.02
合计	630.17	167.00	451.60	357.70	126.03

表 3.21　2016 年景电灌区各子区域水平衡要素统计表　　　（单位：mm）

子区域	总引水量	降水量	蒸腾蒸发量	入渗水量	深层渗漏水量
一期总干所	687.3	261	440.9	371.5	137.5
一期北干所	645.6	261	438.9	367.1	129.1
一期西干所	682.9	261	437	363	136.6
二期总干所	697.6	261	444	347	139.5
漫水滩所	608.2	261	445	380	121.6
四个山所	621.5	261	443	373	124.3
直滩所	431.4	261	390	366	86.3
海子滩所	759.8	261	440	370	152.0
裴家营所	599.1	261	430	359	119.8
合计	627.3	261	437.6	360	125.5

对作物蒸腾蒸发量水量和入渗水量占总灌溉水量的比例进行分析可以为水资源管理提供一些理论参考。其中，图 3.36～图 3.38 分别为 2014～2016 年各子区域蒸腾蒸发量和入渗水量占区域灌溉水量的比例。以 2014 年为例，由于各子区域蒸腾蒸发量相差

不大，而直滩所的灌溉水量较大，因此其蒸腾蒸发量和入渗水量相比其他区域而言较小；与此同时，海子滩由于灌溉引水量较低，因此，其蒸腾蒸发量和入渗水量占灌溉水量的比例相对较高，其中蒸腾蒸发量的比例约为 100%，意味着灌溉水量几乎全部消耗于蒸腾蒸发。而对于其他子流域而言，蒸腾蒸发量占灌溉水量的比例位于 75%~80%，表明灌溉水量约有 75%~80%用于作物消耗，而 25%~20%直接用于下渗或形成地表径流，而降雨对于作物生长的作用没有很好地发挥，主要用于通过入渗进而补给地下水。这一数据与典型地块上的数据吻合，也从另外一个侧面验证了模型的可信性。

对 2015 年和 2016 年的数据进行进一步分析，除 2016 年直滩所的蒸腾蒸发量占灌溉水量的比例超出 100%外，其余蒸腾蒸发量占灌溉水量的比例均小于 100%，介于80%~100%，影响其比例的最主要原因为灌溉水量的大小。以直滩所为例，2016 年其灌溉总引水量为 431.4mm，而其他各灌区引水量均显著高于该值，因此，目前灌区的灌

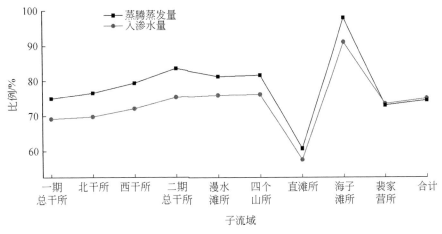

图 3.36 2014 年蒸腾蒸发量及入渗水量占灌水量的比例

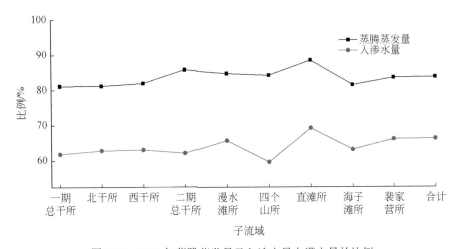

图 3.37 2015 年蒸腾蒸发量及入渗水量占灌水量的比例

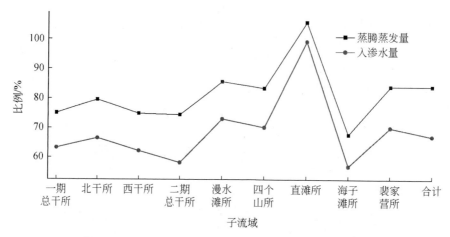

图 3.38　2016 年蒸腾蒸发量及入渗水量占灌水量的比例

溉水量有可能较实际值偏大；计算表明，实际灌溉水量约为按照灌溉制度所计算出来的灌溉需水量的 1.4 倍，而若按照实际灌溉制度进行灌溉，则灌溉引水量约为 465mm，与实际蒸腾蒸发量基本保持一致。

　　对于景电灌区而言，灌溉水入渗是地下水补给的主要来源，因此，在灌溉季节，地下水位明显上升，下渗水量占灌溉水量的 60%～70%，深层渗漏量约占灌溉水量的 20%，而这也从另外一个角度表明灌区的灌溉水量偏大，从而造成大量的灌溉水入渗，地下水位升高，灌溉水利用率较低。

第四章 SWAT 模型在青海典型灌区的应用

4.1 基 本 情 况

4.1.1 地理位置

大峡渠渠灌区位于湟水左岸的高店镇河滩寨村，水源引自湟水，下游有引胜沟等湟水一级支流作为补充水源。灌区贯穿于湟水左岸的高店、雨润、共和、碾伯、高庙 5 个乡镇的 43 个行政村和单位。始建于 1948 年，灌区的大部分工程是 20 世纪 50 年代和 70 年代修建。

4.1.2 地形地貌

根据地形和海拔高度，该区域地貌类型分为：河谷平原川水区、黄土浅山丘陵区和石质高山脑山区 3 种。大峡渠渠灌区位于河谷平原川水区，该区沿湟水干流及其一级支流呈带状分布，由河滩和 1～5 级阶地坡洪积扇组成，土体构型较好，质地松，是全县的主要产粮区。

4.1.3 气象水文

区域地形复杂，海拔高差大，各地降水量不尽一致，山区一般大于川区，脑山大于浅山，川水地区年降水量为 320～340mm，蒸发量川区大于山区，川区年蒸发量达 843mm，降水年际变化大，季节性分布不均，年内 3～5 月农业春灌苗灌时期降水量仅为全年的 18%，汛期降水高度集中，多以雷降雨形式出现，不利于农业生产利用。最大冻土深度为 86cm。全县人均水资源仅为全省人均的 11.7%，亩均水资源仅为全省的 11.7%，较全国亩均的低 61.6%，引胜沟、岗子沟、下水磨沟和上水磨沟的水资源均有较大开发利用价值，其中引胜沟和下水磨沟是大峡渠渠灌区的补充水源。水资源时空分布和地域分布极不均匀，70%～90%分布在 6～9 月，且多为暴雨而形成的洪流，不利于开发利用，地域上看，石山森林水源涵养区水源较充沛，在河谷上游修建一些水库等蓄水工程和输水工程，对发展工农业生产极为重要。

4.1.4 土壤

该区土壤共有 9 个土类，22 个亚类，由于母质、气候、地形等因素影响，各类土壤分布有明显的垂直差异，由低向高依次为灰钙土、栗钙土、黑钙土、灰褐土、山地草甸土和高山草甸土。农业规划根据地貌类型和土壤类型将全县划分为 5 个分区，即湟水河谷灌淤型灰钙土区、沟岔河谷灌淤型栗钙土区、浅山丘陵沟壑灰钙土区栗钙土区、脑山暗栗钙土区和黑钙土区。大峡渠渠灌区主要包括前两个土区，成土母质有冲积物、洪积物和次生黄土等，土质松散、质地均一、耕性好，结构呈团粒状或粒状。

4.1.5　灌区系统

大峡渠渠灌区大部分工程是 20 世纪 50 年代和 70 年代修建。灌区水源来自于湟水，下游有引胜沟等湟水一级支流作为补充水源。渠首设计流量 3.5m³/s，加大流量 3.9m³/s，年均引水量约 7700 万 m³，有效灌溉面积 4.5 万亩，实际灌溉面积 4 万亩。灌渠始建于 1948 年，70 年代扩建一次，扩建后的渠道全长 57km，灌区贯穿于湟水北岸的高店、雨润、共和、碾伯、高庙 5 个乡镇的 43 个行政村和单位。

渠首引水枢纽位于乐都县高店镇河滩寨村，干渠渠道全长 57km（于 2005 年立项维修 27km）。干渠有各类建筑物 298 座，其中渡槽 36 座，长 1950m，隧洞 50 座，长 19200m，倒虹吸 1 座，长 384m，退水 17 座，涵洞 17 座。其他建筑物 168 座（完好 117 座），其中斗门 137 处。农渠退水口多达 198 处。由于水污染加重和径流量年内分配不均匀，每年 4～6 月供需矛盾极为突出，严重影响灌溉。

经过三四十年运行，渠道老化失修严重，险工段逐年增多。2011 年 12 月乐都市农业综合开发湟水左岸中型灌区节水改造配套项目全面完工，改造大峡渠 14.418km，其中防渗明渠 2.938km，维修渡槽 15 座，维修隧洞 23 座，新建渠系建筑物 50 座。该项目投入运行后，改善灌溉面积 2.8 万亩，恢复灌溉面积 0.5 万亩，取得了良好的经济效益和社会效益。目前，大峡渠灌区干渠尚有 3km 未衬砌，衬砌部分 80% 为现浇混凝土，20% 为浆砌石；斗农渠衬砌率为 30%。

灌区管理机构为青海省乐都县大峡渠灌区管理局，隶属乐都县水利局，为财政全额拨款事业单位。现有管理人员 61 人，其中职工 16 人、合同制工人 7 人、聘用巡渠管理员 40 人。2008 年大峡渠渠灌区成立农民用水户协会，负责供水和收费、渠道管理维修养护和更新工作，实施"统一调配、分级管理、均衡受益"的水量调配原则。

4.1.6　用水制度

大峡渠渠灌区种植结构复杂，以小麦、蔬菜和苗木为主，灌区已成为青海省主要蔬菜生产基地。小麦、大棚蔬菜、大蒜、土豆、苗木等种植面积占灌区总面积的比例分别为 31%、27%、18%、15% 和 9%。

根据《青海省用水定额》（青政办[2009]62 号），在中水年，大峡渠渠灌区小麦灌溉定额为 4275m³/hm²，灌水 5 次；油料作物灌溉定额为 3525m³/hm²，灌水 4 次；大蒜灌溉定额为 6750m³/hm²，灌水 10 次；蔬菜灌溉定额为 7500m³/hm²，灌水 10 次；马铃薯灌溉定额为 2400m³/hm²，灌水 3 次。在干旱年，大峡渠渠灌区小麦灌溉定额为 5025m³/hm²，灌水 6 次；油料作物灌溉定额为 4275m³/hm²，灌水 5 次；大蒜灌溉定额为 7500m³/hm²，灌水 11 次；蔬菜灌溉定额为 7500m³/hm²，灌水 11 次；马铃薯灌溉定额为 3000m³/hm²，灌水 4 次。

4.2　大峡渠灌区典型地块监测方案

大峡渠灌区干渠退水口门 29 处，毛渠退水口多达 198 处，目前难以全面进行监测，通过现场查勘选取了一处 290 亩典型地块，该地块有 2 处进水口，6 处退水口的典型地块进行详细监测。

大峡渠灌区断面选取：大峡渠灌区干渠退水口门 29 处，毛渠退水口多达 198 处，目前难以全面进行监测。鉴于大峡渠灌区引退水断面较多，特别是退水无法控制，因此在大峡渠灌区只开展典型地块引退水量监测，典型地块灌溉面积约 290 亩，该地块进水口断面 2 个，退水口断面 6 个，引、退水口设置见图 4.1 和表 4.1，其地下水位监测点位置如图 4.2 所示。

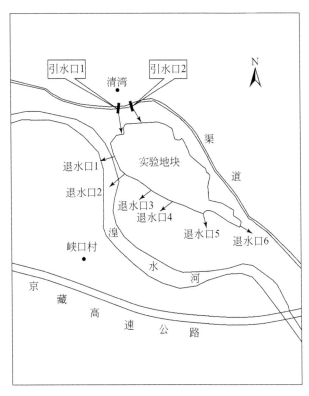

图 4.1　大峡渠灌区典型地块监测断面布置图

表 4.1　大峡渠灌区引、退水监测断面表

序号	断面名称	坐标		断面形状	断面顶部宽度/m
		纬度	经度		
1	斗渠引水口①	36°29′16.4″	102°13′34.8″	U 型	0.70
2	斗渠引水口②	36°29′12.8″	102°13′45.6″	U 型	0.85
3	DX-TS1	36°29′6.4″	102°13′36.30″	不规则	
4	DX-TS2	36°28′58.3″	102°13′35.6″	不规则	
5	DX-TS3	36°29′6.5″	102°13′36.31″	不规则	
6	DX-TS4	36°29′6.6″	102°13′36.32″	不规则	
7	DX-TS5	36°29′6.7″	102°13′36.33″	不规则	
8	DX-TS6	36°29′6.8″	102°13′36.34″	不规则	

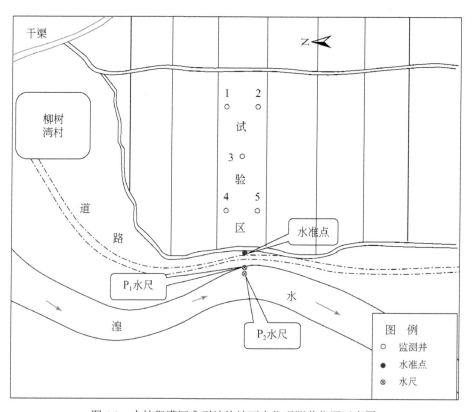

图 4.2　大峡渠灌区典型地块地下水位观测井位置示意图

4.3　水平衡要素分析

4.3.1　降水量

大峡渠灌区典型地块监测时间根据其灌溉时间进行确定。其中，春灌期监测时间为 3 月 9～24 日，共 16 日；4 月 12～26 日为苗灌期，共监测 15 日。8 月 20 日至 9 月 3 日，为秋灌期，共监测 13 日。在监测期间，降水量为 0。因此，本节对引水量和退水量进行分析。

4.3.2　引、退水量

大峡渠灌区典型地块春观其引水量 4.9162 万 m^3，退水量 2.1165 万 m^3；苗灌期引水量 4.1645 万 m^3，退水量 3.229 万 m^3；秋灌期引水量 1.3558 万 m^3，退水量 0.8470 万 m^3。监测期总引水量为 10.4365 万 m^3，总退水量为 6.1864 万 m^3。大峡渠灌区典型地块各时期引退水量统计见表 4.2。

表 4.2　大峡渠灌区典型地块引退水量统计 （单位：万 m^3）

灌溉期	斗渠 1 引水量	斗渠 2 引水量	引水量小计	退水量
春灌期	3.9226	0.9936	4.9162	2.1165
苗灌期	3.5597	0.6048	4.16445	3.2229
秋灌期	1.3040	0.0518	1.3558	0.8470
合计	8.7863	1.6052	10.4365	6.1864

大峡渠灌区典型地块春灌期、苗灌期和秋灌期的引退水量柱状图分别如图 4.3～图 4.5。

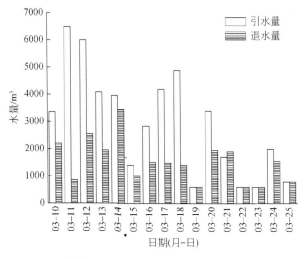

图 4.3　大峡渠灌区典型地块春灌引退水量柱状图

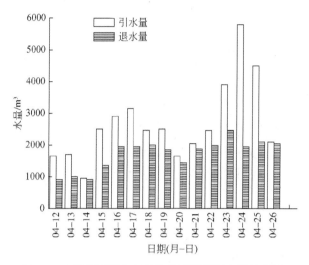

图 4.4　大峡渠灌区典型地块苗灌期引退水量柱状图

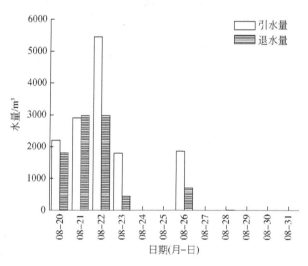

图 4.5　大峡渠灌区典型地块秋灌期引退水量柱状图

4.3.3　土壤含水率

大峡渠灌区设有两个土壤含水量监测点，一个设于 3 号监测井周围，距支渠 40m，种植大蒜，监测土层为黏土；另一个监测点设在监测井东北 300m，种植玉米、监测图层上部 40cm 为黏土，以下为沙黏土。大峡渠灌区典型地块土壤含水量监测点统计见表 4.3。

表 4.3　大峡渠灌区典型地块土壤含水量监测点统计

序号	名称	位置	纬度	经度	作物种类
1	DX-TR1	柳树湾一社	36°29′8″	102°13′37.1″	大蒜
2	DX-TR2	柳树湾一社	36°29′1″	102°13′43.1″	玉米

监测点土壤含水量变化过程见图 4.6、图 4.7。大峡渠灌区由于受土壤性质的影响，土壤含水量变化过程比较复杂，灌溉前期主要受浅层黏土的影响，变化相对一致，后期由于深层土壤为沙壤土，渗透性强，土壤含水量变化较快，因此变化过程与其他含水层不一致。

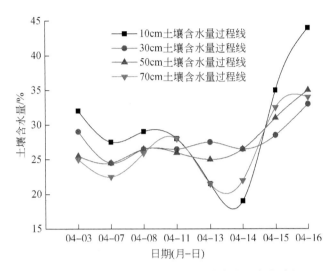

图 4.6　大峡渠灌区 1 号监测点土壤含水量变化过程

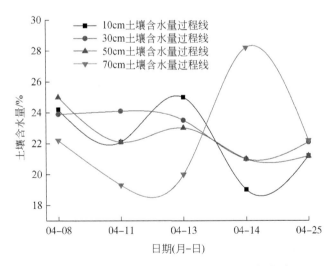

图 4.7　大峡渠灌区 1 号监测点土壤含水量变化过程

4.3.4　地下水监测

大峡渠灌区典型地块监测井于 2013 年开始监测，监测数据表明，灌溉后各监测井地下水位开始上升，并在灌溉 8 日后达到最高，之后缓慢下降，趋于平稳。

地下水位变幅为灌溉前地下水位于灌溉后地下水最高水位之差，计算中剔除水位异常变化影响。大峡渠灌区春灌期和苗灌期 1 号井至 5 号井水位埋深变化统计见表 4.4。春灌期地下水位平均变幅为 0.26m，苗灌期地下水位平均变幅为 0.14m。

表 4.4　大峡渠灌区春灌期和苗灌期观测井水位埋深变化统计　　（单位：m）

井编号	春灌期	苗灌期
1	0.29	0.17
2	0.28	0.16
3	0.29	0.14
4	0.18	0.10
5	0.24	0.13
平均	0.26	0.14

根据典型灌区土壤含水量监测成果，逐层计算土壤含水量与田间持水量的差值，积分计算得到灌溉下渗水量，可以看出，每次灌溉结束后，土壤含水量随深度呈现先增大后减小的趋势。大峡渠灌区灌溉入渗监测情况见表 4.5。

表 4.5　大峡渠灌区灌溉入渗监测情况　　（单位：cm）

灌溉时期	10	30	50	70	合计
春灌期	0.393	0.343	0.557	0.3	1.593
苗灌期	0.598	0.98	0.1	0.58	2.258

4.4　模 型 建 立

4.4.1　资料获取

SWAT 模型需要庞大而详细的海量数据（包括 GIS 图层数据和表格数据），包括水文气象、地表高程信息、河网、土地利用/覆被、土壤信息、水文地质等信息等。

SWAT 模型所需的数据主要包括：①子流域划分数据：主要用于流域描述，划分子流域，确定流域坡度、坡长、主河道长度等。从灌区管理的角度出发，并充分考虑作物种植比例及土壤类型，以斗门为基本单位，将大峡渠灌区划分为 120 个子流域；②土地利用图以及土壤图：主要用于确定水文响应单元，这部分数据主要来源于《青海省乐都县土壤志》、《青海省乐都县农业区划》等文献资料，并结合现场查勘予以确定；③气象数据：主要用于计算灌区地表径流、蒸散发以及在某些气象资料不齐全时生成天气生发器，这部分数据主要来源于国家气象局 1990～2013 年 24 年间 3 个气象站的逐日降水量、逐日最高气温、逐日最低气温、日照时数、平均风速、相对湿度等；④土壤性质数据：主要用于计算壤中流、地下水等，主要包括土壤机械颗粒组成、干容重、土壤饱和导水率、有效持水量等，这部分数据主要通过实地调查取样，通过试验获得土壤的各个属性参数；⑤作物数据库：主要用于计算作物耗水以及模拟作物生长过程等，包括叶面积指数、作物生长的特征点等，这部分数据主要是通过参考试验站的试验数据以及一些参考文献确定的；⑥基流参数：主要用于计算地下水，包括蓄水层补给延迟时间，急流衰退时间等，这部分数据主要是基于《中华人民共和国区域水文地质普查报告——西宁幅、乐都幅》中所确定的水文地质参数，并结合相关参考文献予以确定。

4.4.1.1 水文气象数据

大峡渠灌区耗水系数模型所需要的气象数据采用的是国家气象局西宁气象站的降水、最高温度、最低温度、相对湿度、风速等，并在这些数据的基础上计算太阳辐射以及潜在蒸散发。考虑到 SWAT 模型运行需要一定的适应期，因此，模型分别采用西宁气象站 1990～2013 年的气象数据，并将 2000～2012 年的数据作为适应期，在此基础上采用 2013 年的气象数据进行相关模拟和计算。将降水量、最高温度、最低温度、相对湿度、风速的实测值以及计算得到的太阳辐射、潜在蒸发等分别按照模型要求的格式整理为相应的气象文件：*.pcp，*.tmp，*.hmd，*.wnd，*.slr，*.pet。在模型中每一个 HRU 的气象数据则是根据各气象站点的经纬度由最近的气象站点的气象资料所赋予的。气象因子发生器文件（*.wgn）是根据西宁气象站 45 年来的气象数据完成编写的。大峡渠灌区 2013 年降水量为 413.6mm，经频率计算分析表明属于平水年，其逐月降水、平均温度、相对湿度、平均风速、日照时数如图 4.8～图 4.12 所示。

根据公式所示，计算大峡渠灌区 2013 年的实际太阳辐射值，其中，a_s 和 b_s 根据青海省的实际情况，分别取为 0.23 和 0.68；各月的 R_a 值和最大日照时数采用线性插值的方法进行求得，其计算结果如表 4.6 所示。

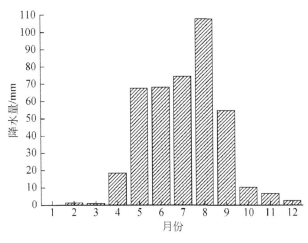

图 4.8 大峡渠灌区 2013 年逐月降水量

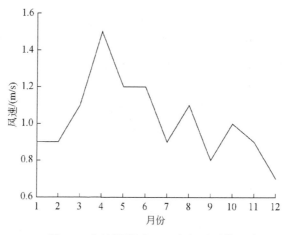

图 4.9　大峡渠灌区 2013 年逐月平均风速

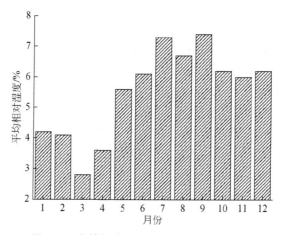

图 4.10　大峡渠灌区 2013 年逐月平均相对湿度

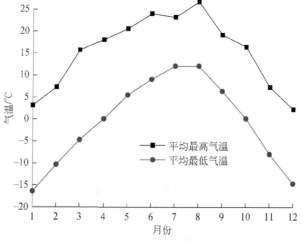

图 4.11　大峡渠灌区 2013 年逐月平均最高最低气温

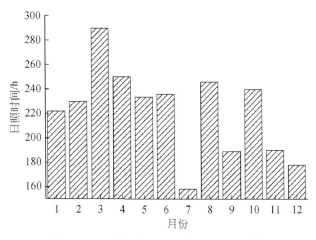

图 4.12　大峡渠灌区 2013 年逐月日照时数

表 4.6　逐月 R_a 值和最大日照时数

月份＼纬度	R_a			N		
	30	40	36.5	30	40	36.5
1	15.18	10.12	11.89	10.4	9.9	10.1
2	19.30	14.60	16.25	11.2	10.7	10.9
3	24.42	20.64	21.96	11.9	11.8	11.8
4	29.62	27.48	28.23	12.9	13.3	13.2
5	32.90	32.36	32.55	13.6	14.3	14.1
6	34.24	34.58	34.46	14.0	14.9	14.6
7	33.73	33.72	33.72	13.9	14.7	14.4
8	31.28	29.86	30.36	13.3	13.9	13.7
9	26.74	23.60	24.70	12.4	12.5	12.5
10	21.34	16.80	18.39	11.5	11.2	11.3
11	16.34	11.34	13.09	10.8	10.1	10.3
12	14.10	9.00	10.79	10.3	9.5	9.8

　　采用表 4.6 所确定的 R_a 和 N 值，利用上述描述的公式对研究区对 2000～2013 年间逐日的辐射量进行计算，并将其按照 SWAT 要求的格式写成 ".slr" 文件，其中，大峡渠灌区和官亭灌区的日辐射分布分别如图 4.13 和图 4.14 所示。

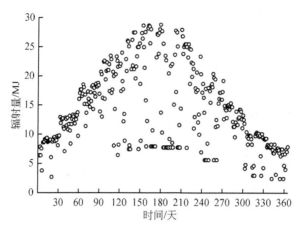

图 4.13　大峡渠灌区 2013 年日辐射分布图

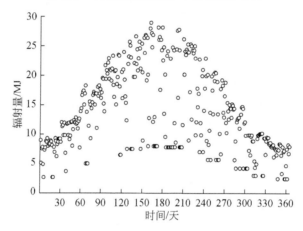

图 4.14　官亭灌区 2013 年日辐射分布图

　　包括逐日太阳辐射数据在内,所有的逐日气象数据及其站点位置均应按照 SWAT 模型要求的格式存储以备调用。此外还需建立"天气发生器"以便在 SWAT 模型运行过程中能够补足缺乏的数据。"天气发生器"的建立需要输入的参数较多,除各气象站点的名称、经纬度及高程外,其余各参数的名称及计算公式见表 3.6。

4.4.1.2　土地利用信息

　　土地利用图是重要的 GIS 数据,它真实反映了流域内土地利用状况以及植被数量与分布,目前我国土地利用编码采用自然资源部《土地利用现状调查技术规程》中的土地利用分类,但该分类不能满足 SWAT 模型中植物生长模拟的需求,需要具体到物种的更详细土地利用分类,将现有的土地覆被类型重新分类,转换为 SWAT 模型对应的编码。本研究主要为旱地。

　　由于 TM 数据受空间分辨率的限制且存在数据的季相问题、元数据定义的问题以及人工解译时的经验问题等,因此,各种土地利用类型的面积采用实地调查的数据。2013

年灌区土地利用类型主要包括耕地和林地。对于灌区来说，耕地占主要部分，灌区不同农作物的耗水量为主要部分，然而土地利用类型中并没有将不同作物类型从耕地类型中区分出来，因此本书根据灌区中不同作物占灌区耕地的面积比例，将大峡渠灌区进一步划分为了 8 种土地利用类型，主要是冬小麦、春小麦、夏玉米、苗木、土豆、大蒜、油菜以及蔬菜。

4.4.1.3 土壤信息

SWAT 模型所需要的土壤数据包括土壤纵剖面的土壤参数，而现有的 1∶100 万的土壤质地分布图只给出了灌区表层土的土壤质地类型，且模型自带的土壤数据库与中国的实际情况不一样，为了获得研究区的土壤参数，国内在应用 SWAT 模型时对土壤参数的处理一般是在相关文献的基础上来确定土壤参数。本研究采用了灌区 15 个土壤剖面的实测的土壤性质数据。模型所要的土壤物理属性参数主要有饱和导水率、土壤容重、土壤有机碳含量、黏土/壤土/砂土含量等土壤参数。

4.4.2 空间离散

以大峡渠灌区为例，根据地形和海拔高度，该区域地貌类型分为：河谷平原川水区、黄土浅山丘陵区和石质高山脑山区 3 种。大峡渠灌区位于河谷平原川水区，该区沿湟水干流及其一级支流呈带状分布，由河滩和 1～5 级阶梯坡洪积扇组成。由于灌区中引黄斗门作为水资源基本管理单位，因此研究区中子流域在此基础上共划分为了 120 个子流域，这样划分有助于了解各个子流域的水资源利用情况，可以更有效地为灌区的水资源管理提供参考。其中，各子区域的面积和种植比例如表 4.7 所示。

表 4.7　子区域面积及作物种植比例

分区	面积/km²	大蒜/%	小麦/%	蔬菜/%	油菜/%	土豆/%	苗木/%	复种/%
1	0.0274	20	8.4	20	10	24	5	12.6
2	0.0374	21	8.0	23	9	23	4	11.0
3	0.0440	21	6.8	20	11	24	7	9.4
4	0.0299	22	9.2	17	9	26	3	12.7
5	0.0324	17	7.2	18	14	26	7	9.9
6	0.0349	23	9.6	15	11	20	7	13.2
7	0.0432	18	8.0	23	10	23	6	11.0
8	0.0316	24	6.8	19	10	25	5	9.4
9	0.0332	20	6.4	23	13	25	3	8.8
10	0.2235	20	7.6	22	10	24	5	10.5
11	0.1744	20	8.0	23	12	20	5	11.0
12	0.1113	21	8.0	20	11	22	6	11.0

分区	面积/km²	大蒜/%	小麦/%	蔬菜/%	油菜/%	土豆/%	苗木/%	复种/%
13	0.1703	21	8.0	17	9	26	7	11.0
14	0.1720	21	8.4	19	7	27	5	11.6
15	0.2210	20	7.6	20	13	25	3	10.5
16	0.1570	19	8.0	20	10	26	5	11.0
17	0.1063	20	7.2	17	10	28	7	9.9
18	0.1362	20	8.4	20	12	21	6	11.6
19	0.0490	21	9.2	19	11	22	4	12.7
20	0.2318	21	7.2	23	9	24	5	9.9
21	0.1362	18	9.2	18	8	27	6	12.7
22	0.1445	17	8.0	21	13	25	4	11.0
23	0.4893	20	8.8	20	10	22	6	12.1
24	0.1420	18	8.0	25	9	23	5	11.0
25	0.4552	24	8.0	18	8	25	5	11.0
26	0.1769	4	26	22	4	5	0	39
27	0.5042	3	25.6	22	5	4	2	38.4
28	0.1578	3	24	29	4	3	1	36
29	0.1919	5	25.6	23	3	3	2	38.4
30	0.3107	4	24.4	23	4	5	3	36.6
31	0.2617	3	24.8	22	5	4	4	37.2
32	0.1852	4	26	22	4	3	2	39
33	0.2185	5	26.4	18	3	4	4	39.6
34	0.4444	4	27.2	19	3	5	1	40.8
35	0.4768	3	24.4	27	5	4	0	36.6
36	0.3273	3	24	26	4	3	4	36
37	0.1213	5	25.6	22	3	3	3	38.4
38	0.0307	4	24	25	4	5	2	36
39	0.059	3	25.6	23	5	4	1	38.4
40	0.0905		4	70	10		10	6
41	0.1553		3.2	75	8		9	4.8
42	0.4203		2.8	78	8		7	4.2
43	0.0764		4	75	9		6	6
44	0.1919		2.4	76	10		8	3.6

续表

分区	面积/km²	大蒜/%	小麦/%	蔬菜/%	油菜/%	土豆/%	苗木/%	复种/%
45	0.4635		3.6	74	8		9	5.4
46	0.5383		2.4	78	10		6	3.6
47	0.1312		1.2	72	8		17	1.8
48	0.1595		4	75	6		9	6
49	0.1412		3.2	72	5		15	4.8
50	0.1985		2.8	77	10		6	4.2
51	0.309		2	76	7		12	3
52	0.2708		2.4	78	6		10	3.6
53	0.3231		3.2	74	9		9	4.8
54	0.4021		2.4	73	12		9	3.6
55	0.0366		3.2	72	10		10	4.8
56	0.206		4	25	10	45	10	6
57	0.3215		4.8	24	12	44	8	7.2
58	0.0407		4.8	23	15	43	7	7.2
59	0.0905		5.2	25	12	42	8	7.8
60	0.2725		2.4	25	12	47	10	3.6
61	0.3356		4.8	24	8	46	10	7.2
62	0.0972		3.2	28	9	47	8	4.8
63	0.1113		3.6	22	11	48	10	5.4
64	0.1346		4.4	26	13	43	7	6.6
65	0.1819		5.2	28	12	42	5	7.8
66	0.4752		4.8	29	10	41	8	7.2
67	0.0605		4	27	7	49	7	6
68	0.0972		2.8	28	13	45	7	4.2
69	0.0158		4.8	25	8	47	8	7.2
70	0.1013		4.8	24	12	43	9	7.2
71	0.0706		2.8	25	12	48	8	4.2
72	0.2683		2.4	28	8	49	9	3.6
73	0.2426		4.8	26	9	46	7	7.2
74	0.098		3.2	28	11	47	6	4.8
75	0.2118		3.6	29	13	48	1	5.4
76	0.1919		4.4	27	12	43	7	6.6

续表

分区	面积/km²	大蒜/%	小麦/%	蔬菜/%	油菜/%	土豆/%	苗木/%	复种/%
77	0.2725		5.2	28	10	42	7	7.8
78	0.3173		4.8	26	7	46	9	7.2
79	0.2426		4	25	8	47	10	6
80	0.3638		4.8	25	9	45	9	7.2
81	0.4403		8	20			60	12
82	0.407		7.2	21			61	10.8
83	0.255		6.4	22			62	9.6
84	0.2907		7.2	19			63	10.8
85	0.5292		7.2	18			64	10.8
86	0.1553		7.2	17			65	10.8
87	0.5067		10	16			59	15
88	0.167		10	17			58	15
89	0.1886		10.4	17			57	15.6
90	0.1105		10	19			56	15
91	0.579		9.2	22			55	13.8
92	0.0997		6.4	23			61	9.6
93	0.0831		5.2	24			63	7.8
94	0.2966		4.8	25			63	7.2
95	0.2741		5.6	22			64	8.4
96	0.2484		5.6	21			65	8.4
97	0.2351		8	21			59	12
98	0.3389		8.4	21			58	12.6
99	0.7161		9.2	20			57	13.8
100	0.4602		8	24			56	12
101	0.2442		10	50	15	10		15
102	0.5782		10.4	48	14	12		15.6
103	0.6538		10.8	47	13	13		16.2
104	0.1902		10	45	15	15		15
105	0.2351		9.2	51	16	10		13.8
106	0.3215		8.8	52	17	9		13.2
107	0.3148		8.4	53	18	8		12.6
108	0.1894		10	54	15	6		15

续表

分区	面积/km²	大蒜/%	小麦/%	蔬菜/%	油菜/%	土豆/%	苗木/%	复种/%
109	0.4328		9.6	49	14	13		14.4
110	0.2185		9.2	48	15	14		13.8
111	0.5184		8.8	47	16	15		13.2
112	0.1238		8	45	17	18		12
113	0.4353		8.4	51	18	10		12.6
114	0.5242		9.6	52	14	10		14.4
115	0.1105		9.2	53	17	7		13.8
116	0.0665		8.8	54	15	9		13.2
117	0.0251		8	49	17	14		12
118	0.0449		8.4	54	18	7		12.6
119	0.0357		9.6	55	16	5		14.4
120	0.0706		8.4	55	14	10		12.6

4.4.3　水文响应单元划分

水文响应单元（HRU）是子流域内具有相同植被类型、土壤类型和管理条件的陆面的面积集合。因此，在划分 HRU 之前要先确定出子流域的土地类型，然后对每种土地类型匹配土壤类型。在本研究中利用根据不同作物占总耕地的比例以及总耕地中不同土壤类型的比例，将初步获得的由耕地和各种土壤组合而成的 HRU，进一步划分为不同作物类型与各种土壤类型组合而成的 HRU。通过这些组合，每个子流域都可以进一步划分成若干个 HRU，大峡渠灌区最后总共有 658 个 HRU。根据各个 HRU 的用地类型、占子流域的面积比、是否灌溉、灌溉水源情况、坡面平均长度、平均宽度等，完成 HRU文件（*.hru）的编写。灌区农作物主要考虑春小麦、大蒜、油菜、土豆、蔬菜等，灌区作物种植制度为一年一季，其中小麦面积中约 60%复种蔬菜。以大峡渠灌区子区域 1 为例，共包括 7 个水文相应单元。考虑到研究主要是在土壤水量平衡的基础上计算作物耗水系数，模型未考虑侵蚀及水质。

将个子区域的面积、坡度、所包含的 HRU 及其对应的农业管理文件.mgt，土壤文件".sol"等按照 SWAT 要求的格式写成其输入文件，典型区域的".sub"文件如图 4.15 所示。

4.4.4　作物参数

由于 SWAT 模型自带的植被参数库与我国的实际情况有较大出入，因此本书作物参数是在模型自带作物生长参数数据库的基础上，参照灌区当地植被的实际生长情况，并查阅相关文献，确定作物的生长参数。灌区典型作物冬小麦、春小麦、夏玉米、苗木、土豆、大蒜、油菜以及蔬菜的上述参数值如表 4.8 所示。

```
XYGQS01.sub ×
Subbasin 1
7
36.93
2225.00
Following are elevation band width

Following are elevation band fraction

Following are the initial water content in the snow of the band
0.00
0.00
0.00
0.00
0.0001
0.0001
10.00
0.200
0.015
0.0001
Following are the rainfall adjustment factors RFINC 1-6
     0.000   0.000   0.000   0.000   0.000   0.000
Following are the rainfall adjustment factors RFINC 7-12
     0.000   0.000   0.000   0.000   0.000   0.000
Following are the temperature adjustment factors TMPINC 1-6
     0.000   0.000   0.000   0.000   0.000   0.000
Following are the temperature adjustment factors TMPINC 7-12
     0.000   0.000   0.000   0.000   0.000   0.000
Following are the radiation adjustment factors RADINC 1-6
     0.000   0.000   0.000   0.000   0.000   0.000
Following are the radiation adjustment factors RADINC 7-12
     0.000   0.000   0.000   0.000   0.000   0.000
Following are the humidity adjustment factors HUMINC 1-6
     0.000   0.000   0.000   0.000   0.000   0.000
Following are the humidity adjustment factors HUMINC 7-12
     0.000   0.000   0.000   0.000   0.000   0.000
Following are the names of the HRU, MGT, SOIL, and CHEM data files
S01HRU01.HRU whtcrc1.mgt loamy1.sol    loampst.chm    XYGQS.gw
S01HRU02.HRU whtcrc2.mgt loamy1.sol    loampst.chm    XYGQS.gw
S01HRU03.HRU whtcrc3.mgt loamy1.sol    loampst.chm    XYGQS.gw
S01HRU04.HRU whtcrc2.mgt loamy1.sol    loampst.chm    XYGQS.gw
S01HRU05.HRU whtcrc2.mgt loamy1.sol    loampst.chm    XYGQS.gw
S01HRU06.HRU whtcrc1.mgt loamy1.sol    loampst.chm    XYGQS.gw
S01HRU07.HRU whtcrc7.mgt loamy1.sol    loampst.chm    XYGQS.gw
```

图 4.15　典型子区域文件 ".sub"

表 4.8　灌区典型作物的主要生长参数值

变量名	冬小麦	春小麦	夏玉米	苗木	土豆	大蒜	油菜	蔬菜
ICNUM	29	27	19	16	70	73	75	92
CPNM	WWHT	SWHT	CORN	RNGB	POTA	ONIO	CANP	TOMA
IDC	5	5	4	6	5	5	4	4
BIO_E	35.00	35.00	39.00	34.00	25.00	30.00	34.00	30
HVSTI	0.45	0.42	0.50	0.90	0.95	1.25	0.23	0.33
BLAI	8.50	4.00	5.00	2.00	4.00	1.50	3.50	3.00
FRGRW1	0.20	0.25	0.37	0.05	0.15	0.15	0.15	0.15
LAIMX1	0.28	0.05	0.30	0.10	0.01	0.01	0.02	0.05
FRGRW2	0.28	0.50	0.50	0.25	0.50	0.50	0.45	0.50
LAIMX2	0.96	0.95	0.95	0.70	0.95	0.95	0.95	0.95

续表

变量名	冬小麦	春小麦	夏玉米	苗木	土豆	大蒜	油菜	蔬菜
DLAI	0.281	0.60	0.70	0.35	0.60	0.60	0.50	0.95
CHTMX	0.90	0.90	2.50	1.00	0.60	0.50	0.90	0.50
RDMX	0.20	2.00	2.00	2.00	0.60	0.60	0.90	2.00
T_OPT	25.00	18.00	25.00	25.00	22.00	19.00	21.00	22.00
T_BASE	8.00	0.00	10.00	12.00	7.00	4.52	5.00	10.00

4.4.5 农业管理措施

在本研究中，一年一季是灌区最广泛的种植模式。由于 2013 年为平水年，因此，根据《青海省用水定额》，大峡渠灌区灌水小麦灌水定额为 4275m³/hm²，灌水 5 次；油料作物灌溉定额为 3525m³/hm²，灌水 4 次；大蒜灌溉定额为 6750m³/hm²，灌水 10 次；蔬菜灌水定额为 7500m³/hm²，灌水 10 次，土豆灌水定额为 2400m³/hm²，灌水 3 次。但由于灌区现状仍为大灌大排，因此，实际的灌水量为进入到田间的水量，灌水次数和灌水时间实际调查的基础上确定。

除此之外，SWAT 需要的农业管理措施还包括耕作措施、杀虫剂措施以及施肥措施等，分别对应于 SWAT 中的耕作数据库 TIL.DAT，农药数据库 PEST.DAT，化肥数据库 FERT.DAT。研究采用 SWAT 自带的数据库进行模拟。概括这些措施的初始文件是 HRU 管理文件（.mgt）。该文件包括了种植、收获、灌溉、养分使用、杀虫剂使用和耕作措施情况，如种植时间、收获时间、灌溉时间、灌溉水量、化肥和杀虫剂使用时间及使用剂量等。值得注意的是，合适的农业管理措施能够保证作物的正常生长，从而不对作物的蒸腾蒸发量产生胁迫。每一个 HRU 均对应一个 MGT 文件。以大峡渠灌区子区域 1 的第一个 HRU 为例，其 MGT 文件如图 4.16 所示。

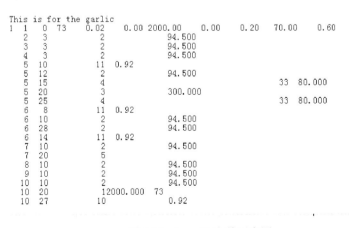

图 4.16 ".mgt" 文件示意图

4.4.6 地下水参数

地下水参数的选取主要依据《中华人民共和国区域水文地质普查报告——西宁幅、乐都幅》及相应的参考文献确定。由于大峡渠灌区的地下水位埋深均大于 15m 以上，水分向上运动受到极大限制，因此，根据 SWAT 的取值范围 0.02～0.20，大峡渠灌区该值取为 0.02。对 RCHRG_DP 而言，由于灌区研究对象为农田，无多年生树木，因此，深层蓄水层的过滤比例取值为 0。

4.4.7 黄河引水量

引黄水量是模型模拟所需要的一个重要数据，在本章中引黄水量主要指用于农业灌溉的水量。本书在模拟计算的过程中，时间步长为日，实际计算过程中，根据每个子流域的土地面积和种植结构，将年引黄水量按比例分配到每个子流域及 HRU。由于对每一个斗门的引水量均进行监测需耗费大量的人力和时间，且大峡渠灌区尚缺少这部分数据，因此，在对大峡渠灌区的引水量进行实地调查的基础上，并充分考虑漫灌地区作物轮灌制度制定的理论基础，对大峡渠灌区的总引水量，按照种植面积占 60% 的权重和种植结构占 40% 的权重进行分配，在此基础上，再按照种植面积将分配到子区域的引水量分配到每个水文相应单元 HRU 中。其分配比例如表 4.9 所示。大峡渠灌区 2013 年总引水量为 6220 万 m³，按比例进行划分即可得到每个子区域的实际引水量。但是，该部分水量有很大一部分为地表直接退水，没有进入到农田中，而地表退水对于农田作物生长及计算作物耗水量方面是没有任何作用的，因此，考虑到典型地块在退水量、作物种植结构、灌溉方式以及土壤特性方面均具有典型代表性，大峡渠灌区的地表退水比例可按照典型地块的退水比例进行计算；经计算，其比例为 0.4072；除此之外，大峡渠灌区扣除高庙河滩寨村退水口因突发事故和渠道维修的退水量 252.3 万 m³，则大峡渠灌区斗门实际引水量经计算为 2280.944 万 m³。将该数据依次按照比例划分到各分区，即可得到各分区斗门的引水量，具体数值如表 4.9 所示。

表 4.9 各分区引水比例

分区	面积/亩	灌溉定额/m³	灌溉定额占总灌溉定额的比例	灌溉定额权重	灌溉面积占总面积比例	灌溉面积权重	引水量比例
1	40	14131	0.0010	0.0004	0.0010	0.0006	0.0010
2	55	19813	0.0014	0.0006	0.0014	0.0008	0.0014
3	65	22143	0.0016	0.0006	0.0016	0.0010	0.0016
4	44	15475	0.0011	0.0004	0.0011	0.0007	0.0011
5	48	15662	0.0011	0.0004	0.0012	0.0007	0.0012
6	51	17996	0.0013	0.0005	0.0013	0.0008	0.0013
7	63	22340	0.0016	0.0006	0.0016	0.0009	0.0016

续表

分区	面积/亩	灌溉定额/m³	灌溉定额占总灌溉定额的比例	灌溉定额权重	灌溉面积占总面积比例	灌溉面积权重	引水量比例
8	46	16124	0.0011	0.0005	0.0012	0.0007	0.0011
9	49	17080	0.0012	0.0005	0.0012	0.0007	0.0012
10	328	115552	0.0082	0.0033	0.0082	0.0049	0.0082
11	256	92192	0.0065	0.0026	0.0064	0.0038	0.0064
12	163	57447	0.0041	0.0016	0.0041	0.0024	0.0041
13	250	84862	0.0060	0.0024	0.0062	0.0037	0.0061
14	252	87948	0.0062	0.0025	0.0063	0.0038	0.0063
15	324	113048	0.0080	0.0032	0.0081	0.0048	0.0080
16	230	79609	0.0056	0.0023	0.0057	0.0034	0.0057
17	156	51762	0.0037	0.0015	0.0039	0.0023	0.0038
18	200	70448	0.0050	0.0020	0.0050	0.0030	0.0050
19	72	25722	0.0018	0.0007	0.0018	0.0011	0.0018
20	340	120766	0.0085	0.0034	0.0085	0.0051	0.0085
21	200	68469	0.0048	0.0019	0.0050	0.0030	0.0049
22	212	73344	0.0052	0.0021	0.0053	0.0032	0.0052
23	718	253981	0.0180	0.0072	0.0179	0.0107	0.0179
24	208	74810	0.0053	0.0021	0.0052	0.0031	0.0052
25	668	234966	0.0166	0.0067	0.0166	0.0100	0.0166
26	259	112836	0.0080	0.0032	0.0065	0.0039	0.0071
27	739	317265	0.0225	0.0090	0.0184	0.0111	0.0200
28	231	102099	0.0072	0.0029	0.0058	0.0035	0.0064
29	281	122906	0.0087	0.0035	0.0070	0.0042	0.0077
30	456	193931	0.0137	0.0055	0.0114	0.0068	0.0123
31	384	162148	0.0115	0.0046	0.0096	0.0057	0.0103
32	272	117916	0.0083	0.0033	0.0068	0.0041	0.0074
33	320	136054	0.0096	0.0039	0.0080	0.0048	0.0086
34	652	281588	0.0199	0.0080	0.0163	0.0098	0.0177
35	699	306488	0.0217	0.0087	0.0174	0.0105	0.0191
36	480	206247	0.0146	0.0058	0.0120	0.0072	0.0130
37	178	77005	0.0055	0.0022	0.0044	0.0027	0.0048
38	45	19382	0.0014	0.0005	0.0011	0.0007	0.0012

分区	面积/亩	灌溉定额/m³	灌溉定额占总灌溉定额的比例	灌溉定额权重	灌溉面积占总面积比例	灌溉面积权重	引水量比例
39	86	37439	0.0026	0.0011	0.0022	0.0013	0.0024
40	133	57125	0.0040	0.0016	0.0033	0.0020	0.0036
41	228	100327	0.0071	0.0028	0.0057	0.0034	0.0062
42	616	276500	0.0196	0.0078	0.0154	0.0092	0.0171
43	112	50217	0.0036	0.0014	0.0028	0.0017	0.0031
44	281	123821	0.0088	0.0035	0.0070	0.0042	0.0077
45	680	298999	0.0212	0.0085	0.0170	0.0102	0.0186
46	789	353345	0.0250	0.0100	0.0197	0.0118	0.0218
47	192	79444	0.0056	0.0022	0.0048	0.0029	0.0051
48	234	103993	0.0074	0.0029	0.0058	0.0035	0.0064
49	207	88130	0.0062	0.0025	0.0052	0.0031	0.0056
50	291	130163	0.0092	0.0037	0.0073	0.0044	0.0080
51	453	196363	0.0139	0.0056	0.0113	0.0068	0.0123
52	397	175935	0.0125	0.0050	0.0099	0.0059	0.0109
53	474	207446	0.0147	0.0059	0.0118	0.0071	0.0130
54	590	254067	0.0180	0.0072	0.0147	0.0088	0.0160
55	54	23118	0.0016	0.0007	0.0013	0.0008	0.0015
56	302	83726	0.0059	0.0024	0.0075	0.0045	0.0069
57	471	132822	0.0094	0.0038	0.0118	0.0071	0.0108
58	60	16773	0.0012	0.0005	0.0015	0.0009	0.0014
59	133	38240	0.0027	0.0011	0.0033	0.0020	0.0031
60	400	106777	0.0076	0.0030	0.0100	0.0060	0.0090
61	492	136786	0.0097	0.0039	0.0123	0.0074	0.0112
62	143	40149	0.0028	0.0011	0.0036	0.0021	0.0033
63	163	43230	0.0031	0.0012	0.0041	0.0024	0.0037
64	197	56607	0.0040	0.0016	0.0049	0.0030	0.0046
65	267	79874	0.0057	0.0023	0.0067	0.0040	0.0063
66	697	207122	0.0147	0.0059	0.0174	0.0104	0.0163
67	89	25088	0.0018	0.0007	0.0022	0.0013	0.0020
68	143	40227	0.0028	0.0011	0.0036	0.0021	0.0033
69	23	6530	0.0005	0.0002	0.0006	0.0003	0.0005

续表

分区	面积/亩	灌溉定额/m³	灌溉定额占总灌溉定额的比例	灌溉定额权重	灌溉面积占总面积比例	灌溉面积权重	引水量比例
70	149	41812	0.0030	0.0012	0.0037	0.0022	0.0034
71	104	28049	0.0020	0.0008	0.0026	0.0015	0.0023
72	393	108141	0.0077	0.0031	0.0098	0.0059	0.0089
73	356	101979	0.0072	0.0029	0.0089	0.0053	0.0082
74	144	40822	0.0029	0.0012	0.0036	0.0022	0.0033
75	311	91248	0.0065	0.0026	0.0077	0.0046	0.0072
76	281	81464	0.0058	0.0023	0.0070	0.0042	0.0065
77	400	118709	0.0084	0.0034	0.0100	0.0060	0.0093
78	465	132340	0.0094	0.0037	0.0116	0.0070	0.0107
79	356	98047	0.0069	0.0028	0.0089	0.0053	0.0081
80	534	150727	0.0107	0.0043	0.0133	0.0080	0.0123
81	646	168595	0.0119	0.0048	0.0161	0.0097	0.0144
82	597	154258	0.0109	0.0044	0.0149	0.0089	0.0133
83	374	95637	0.0068	0.0027	0.0093	0.0056	0.0083
84	426	106943	0.0076	0.0030	0.0106	0.0064	0.0094
85	776	191685	0.0136	0.0054	0.0194	0.0116	0.0170
86	228	55406	0.0039	0.0016	0.0057	0.0034	0.0050
87	743	194824	0.0138	0.0055	0.0185	0.0111	0.0166
88	245	65127	0.0046	0.0018	0.0061	0.0037	0.0055
89	277	74450	0.0053	0.0021	0.0069	0.0041	0.0062
90	162	44326	0.0031	0.0013	0.0040	0.0024	0.0037
91	849	236457	0.0167	0.0067	0.0212	0.0127	0.0194
92	146	37938	0.0027	0.0011	0.0036	0.0022	0.0033
93	122	30890	0.0022	0.0009	0.0030	0.0018	0.0027
94	435	110517	0.0078	0.0031	0.0108	0.0065	0.0096
95	402	100188	0.0071	0.0028	0.0100	0.0060	0.0089
96	364	89392	0.0063	0.0025	0.0091	0.0054	0.0080
97	345	91334	0.0065	0.0026	0.0086	0.0052	0.0077
98	497	133292	0.0094	0.0038	0.0124	0.0074	0.0112
99	1050	284449	0.0201	0.0081	0.0262	0.0157	0.0238
100	675	186493	0.0132	0.0053	0.0168	0.0101	0.0154

续表

分区	面积/亩	灌溉定额/m³	灌溉定额占总灌溉定额的比例	灌溉定额权重	灌溉面积占总面积比例	灌溉面积权重	引水量比例
101	358	147808	0.0105	0.0042	0.0089	0.0054	0.0095
102	848	345927	0.0245	0.0098	0.0211	0.0127	0.0225
103	959	389909	0.0276	0.0110	0.0239	0.0143	0.0254
104	279	110385	0.0078	0.0031	0.0070	0.0042	0.0073
105	345	141744	0.0100	0.0040	0.0086	0.0052	0.0092
106	471	194446	0.0138	0.0055	0.0118	0.0071	0.0126
107	462	191027	0.0135	0.0054	0.0115	0.0069	0.0123
108	278	118406	0.0084	0.0034	0.0069	0.0042	0.0075
109	635	257488	0.0182	0.0073	0.0158	0.0095	0.0168
110	320	128216	0.0091	0.0036	0.0080	0.0048	0.0084
111	760	300027	0.0212	0.0085	0.0190	0.0114	0.0199
112	182	69507	0.0049	0.0020	0.0045	0.0027	0.0047
113	638	259769	0.0184	0.0074	0.0159	0.0096	0.0169
114	769	319696	0.0226	0.0091	0.0192	0.0115	0.0206
115	162	67838	0.0048	0.0019	0.0040	0.0024	0.0043
116	97	40712	0.0029	0.0012	0.0024	0.0015	0.0026
117	37	14589	0.0010	0.0004	0.0009	0.0006	0.0010
118	66	27441	0.0019	0.0008	0.0016	0.0010	0.0018
119	52	22399	0.0016	0.0006	0.0013	0.0008	0.0014
120	104	43236	0.0031	0.0012	0.0026	0.0015	0.0028
合计	40100	14128048	1.0000	0.4000	1.0000	0.6000	1.0000

4.5　模型验证

为了对模型进行验证，首先针对大峡渠灌区典型地块，按照上述步骤构建流域结构文件、控制输入/输出文件、输入控制代码文件、流域输入文件、降雨输入文件、温度输入文件、太阳辐射输入文件、风速输入文件、相对湿度输入文件、土地覆盖-作物生长数据库文件、耕作数据库文件、杀虫剂数据库文件、肥料数据库文件、HRU 输入文件、管理输入文件、土壤输入文件等 SWAT 需要的输入文件将放入 SWAT 文件夹下，利用 Visual Fortran 运行主程序 main.exe，经编译、构建成功后即可运行模型，模型运行成功界面如图 4.17 所示。

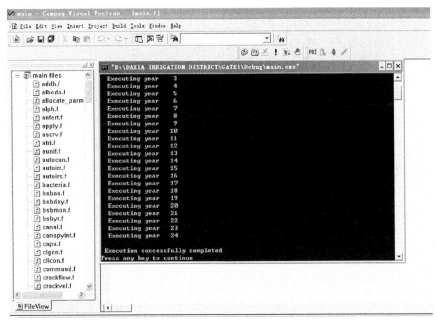

图 4.17　模型运行界面

　　由于典型地块监测时段分别为 3.17～3.24、4.12～4.26、8.20～9.3，在计算作物的蒸腾蒸发量时，不能采用全年的数据，而只能将该时期内作物的蒸腾蒸发量予以相加。因此，在构建 3 种作物的“.mgt”文件时，假设在整个 3 月、4 月以及 8 月除监测时期内的灌水量外，不再进行灌溉，则该 3 个月的作物蒸腾蒸发量仅受监测时段灌水量和降水量的影响；作物其他时期内的灌水量依照其灌溉制度进行，从而保证作物的正常生长。将构建好的“.mgt”文件、HRU 文件等输入文件导入到 SWAT 的主程序目录下，运行主程序，即可得到各月的水量平衡要素，如表 4.10 所示。分别将 3 月、4 月以及 8 月所对应的蒸腾蒸发量相加即可得到监测时期内的总的作物耗水量，为 3.307 万 m^3，其各部分的水量平衡要素计算结果如表 4.10 所示。

表 4.10　监测期内的水量平衡要素　　　　　　（单位：万 m^3）

月份	总引水量	斗门引水量	降水量	潜水蒸发	蒸腾蒸发量	入渗水量	土壤含水量变化量
3	4.912	2.800	0.011	0.096	0.909	1.916	0.082
4	4.165	0.942	0.229	0.007	1.161	0.148	−0.131
8	1.356	0.509	1.328	0.023	1.237	0.463	0.160
合计	10.432	4.251	1.568	0.126	3.307	2.527	0.111

　　将模拟所得到的耗水系数与采用引排差法所计算的耗水系数进行对比分析，其结果表明，采用模型计算后的耗水系数为 0.317，采用引排差法计算的耗水系数为 0.296，从而表明该模型模拟结果可靠，可以推算到整个流域。

4.6　模型结果及分析

大峡渠灌区共有 120 个子区域，每个子区域又可划分为不同的 HRU，共产生 658 个 HRU。SWAT 将子区域和 HRU 的输出结果分别放入到“.bsb”和“.sbs”文件中，共输出 120 个“.bsb”文件以及 128 个“.sbs”文件。其中.bsb 文件记录了 120 个子区域中逐月的在整个模拟期内的水量平衡要素；“.sbs”文件记录了每个子区域内各 HRU 逐月的在整个模拟期内水量平衡要素。图 4.18 和图 4.19 分别为大峡渠灌区第一个子区域以及第一个子区域中第一个 HRU 的输出结果。

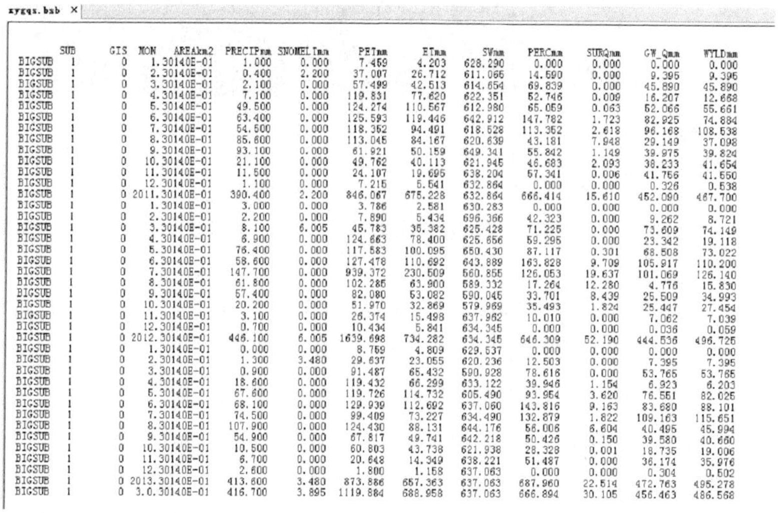
xygqx.bsb

	SUB	GIS	MON AREAkm2	PRECIPmm	SNOMELTmm	PETmm	ETmm	SWmm	PERCmm	SURQmm	GW_Qmm	WYLDmm
BIGSUB	1	0	1.30140E-01	1.000	0.000	7.459	4.203	628.290	0.000	0.000	0.000	0.000
BIGSUB	1	0	2.30140E-01	0.400	2.200	37.007	26.712	611.065	14.590	0.000	9.395	9.395
BIGSUB	1	0	3.30140E-01	2.100	0.000	57.499	42.513	614.654	69.839	0.000	45.890	45.890
BIGSUB	1	0	4.30140E-01	7.100	0.000	119.831	77.620	622.351	52.746	0.009	16.207	12.668
BIGSUB	1	0	5.30140E-01	49.500	0.000	124.274	110.567	612.980	65.059	0.063	52.066	55.661
BIGSUB	1	0	6.30140E-01	63.400	0.000	125.593	119.446	642.912	147.782	1.723	82.925	74.884
BIGSUB	1	0	7.30140E-01	54.500	0.000	118.362	94.491	618.528	113.352	2.618	96.168	108.538
BIGSUB	1	0	8.30140E-01	85.600	0.000	113.045	84.167	620.639	43.181	7.948	29.149	37.098
BIGSUB	1	0	9.30140E-01	93.100	0.000	61.921	50.159	649.341	55.842	1.149	39.975	39.824
BIGSUB	1	0	10.30140E-01	21.100	0.000	49.762	40.113	621.945	46.683	2.093	38.233	41.654
BIGSUB	1	0	11.30140E-01	11.500	0.000	24.107	19.695	638.204	57.341	0.006	41.756	41.550
BIGSUB	1	0	12.30140E-01	1.100	0.000	7.215	5.541	632.864	0.000	0.000	0.326	0.538
BIGSUB	1	0	2011.30140E-01	390.400	2.200	846.067	675.228	632.864	666.414	15.610	452.090	467.700
BIGSUB	1	0	1.30140E-01	3.000	0.000	3.786	2.581	630.283	0.000	0.000	0.000	0.000
BIGSUB	1	0	2.30140E-01	2.200	0.000	7.890	5.434	696.366	42.323	0.000	9.262	8.721
BIGSUB	1	0	3.30140E-01	8.100	6.005	45.783	35.382	625.428	71.225	0.000	73.609	74.149
BIGSUB	1	0	4.30140E-01	6.900	0.000	124.663	78.400	625.656	59.295	0.000	23.342	19.118
BIGSUB	1	0	5.30140E-01	76.400	0.000	117.583	100.095	650.430	87.117	0.301	68.508	73.022
BIGSUB	1	0	6.30140E-01	58.600	0.000	127.478	110.692	643.889	163.828	9.709	105.917	110.200
BIGSUB	1	0	7.30140E-01	147.700	0.000	939.372	230.509	560.855	126.053	19.637	101.069	126.140
BIGSUB	1	0	8.30140E-01	61.800	0.000	102.285	63.900	589.332	17.264	12.280	4.776	15.830
BIGSUB	1	0	9.30140E-01	57.400	0.000	82.080	53.082	590.045	33.701	8.439	25.509	34.993
BIGSUB	1	0	10.30140E-01	20.200	0.000	51.970	32.869	579.969	35.493	1.824	25.447	27.454
BIGSUB	1	0	11.30140E-01	3.100	0.000	26.374	15.498	637.962	10.010	0.000	7.062	7.039
BIGSUB	1	0	12.30140E-01	0.700	0.000	10.434	5.841	634.345	0.000	0.000	0.036	0.059
BIGSUB	1	0	2012.30140E-01	446.100	6.005	1639.698	734.282	634.345	646.309	52.190	444.536	496.725
BIGSUB	1	0	1.30140E-01	0.000	0.000	8.759	4.809	629.537	0.000	0.000	0.000	0.000
BIGSUB	1	0	2.30140E-01	1.300	3.480	29.637	23.055	620.236	12.503	0.000	7.395	7.395
BIGSUB	1	0	3.30140E-01	0.900	0.000	91.487	65.432	590.928	78.616	0.000	53.765	53.765
BIGSUB	1	0	4.30140E-01	18.600	0.000	119.432	66.299	633.122	39.946	1.154	6.923	6.203
BIGSUB	1	0	5.30140E-01	67.600	0.000	119.726	114.732	605.490	93.954	3.620	76.551	82.025
BIGSUB	1	0	6.30140E-01	68.100	0.000	129.939	112.692	637.060	143.816	9.163	83.680	88.101
BIGSUB	1	0	7.30140E-01	74.500	0.000	99.409	73.227	634.490	132.879	1.822	109.163	115.651
BIGSUB	1	0	8.30140E-01	107.900	0.000	124.430	88.131	644.176	56.006	6.604	40.495	45.994
BIGSUB	1	0	9.30140E-01	54.900	0.000	67.817	49.741	642.218	50.426	0.150	39.580	40.660
BIGSUB	1	0	10.30140E-01	10.500	0.000	60.803	43.738	621.938	28.328	0.001	18.735	19.006
BIGSUB	1	0	11.30140E-01	6.700	0.000	20.648	14.349	638.221	51.487	0.000	36.174	35.976
BIGSUB	1	0	12.30140E-01	2.600	0.000	1.800	1.158	637.063	0.000	0.000	0.304	0.502
BIGSUB	1	0	2013.30140E-01	413.600	3.480	873.886	657.363	637.063	687.960	22.514	472.763	495.278
BIGSUB	1	0	3.0.30140E-01	416.700	3.895	1119.884	688.958	637.063	666.894	30.105	456.463	486.568

图 4.18　大峡渠灌区第一个子区域输出结果示意图

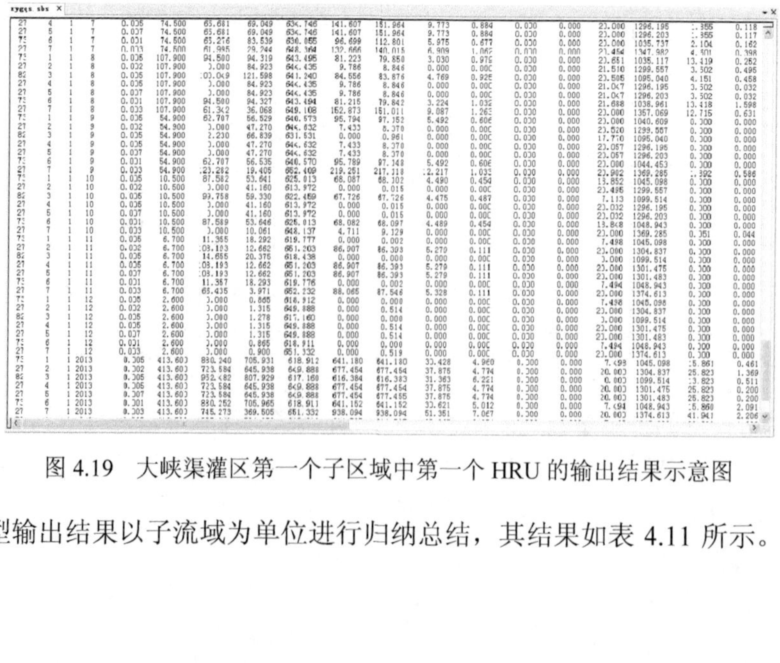

图 4.19　大峡渠灌区第一个子区域中第一个 HRU 的输出结果示意图

对模型输出结果以子流域为单位进行归纳总结，其结果如表 4.11 所示。表 4.11 分别列出了引水量、扣除地表退水后的斗门引水量以及扣除了渠道输水损失后进入田间的水量、降水量、潜水蒸发水量、作物实际蒸腾蒸发量、土壤含水量的变化量和渗透量。考虑到大峡渠灌区的斗渠距离非常短，因此，此处假设经渠系渗漏损失的水量为 5%。由表可以看出，扣除突发事故所导致的地表退水，大峡渠灌区总的引水量为 5965.313万 m^3，扣除无效引水后进入到田间地块的水量为 2166.030 万 m^3，作物耗水量为 1667.546万 m^3，入渗水量为 1671.546 万 m^3，作物入渗水量与作物耗水量接近，从而表明，进入到田间地块的水只有将近一半的水为作物所利用；而另一半入渗补给地下水并进而补给河流。

对于耗水量的分析，分别从作物可吸收利用的角度及整个灌区管理的角度出发进行分析。从作物可吸收利用及作物耗水的角度而言，只有进入到田间地块的水才可被利用，而灌区的地表退水对作物的吸收利用不起任何作用；从整个灌区管理的角度出发，综合考虑地表退水的因素，可为灌区水资源管理提供理论依据；在此基础上，进一步考虑降水量在作物耗水量中的作用，并按照降水量占进入到田间所有水量的比例扣除降水所导致的蒸腾蒸发量。计算结果表明，从进入到田间水量的角度出发，扣除地表退水后，在不扣除降水量和扣除降水量后的耗水系数分别为 0.731 和 0.484；而从大峡渠灌区全部引水量的角度出发，耗水系数分别为 0.279 和 0.185。

将大峡渠灌区 120 个斗门的耗水系数绘制如图 4.19 和图 4.20 所示。从图 4.20 和图 4.21 中可以看出，耗水系数曲线可大致分为 6 段，具体为子区域 1～25、26～40、41～60、60～85、86～100、101～120，每一段曲线所对应的耗水系数具有接近的耗水系数值，原因在于当子区域内的作物种植结构以及土壤特征相似时，其作物蒸腾蒸发量和下渗水量比较接近，而导致其耗水量不同的原因主要在于由于灌溉面积不同所导致的引水量不同。

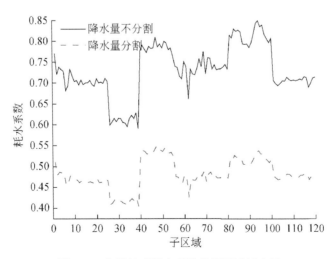

图 4.20　扣除地表退水后的各子区域耗水量

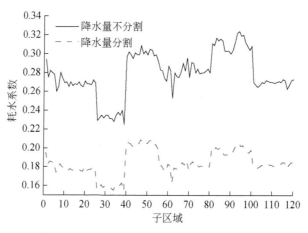

图 4.21　包含地表退水后的各子区域耗水量

表 4.11　大峡渠灌区水量平衡计算结果水量　　　　　（单位：亿 m^3）

斗门	总引水量	斗门引水量	进入田间水量	降水量	潜水蒸发	蒸腾蒸发	入渗水量	土壤含水量变化量	耗水系数（扣除地表退水量）		耗水系数（不扣除地表退水量）	
									降水量不分割	降水量分割	降水量不分割	降水量分割
1	5.968	2.281	2.167	1.103	0.072	1.757	1.501	0.085	0.77	0.51	0.294	0.195
2	8.355	3.193	3.034	1.517	0.109	2.298	2.229	0.133	0.72	0.48	0.275	0.183
3	9.548	3.65	3.467	1.793	0.133	2.695	2.715	-0.017	0.738	0.487	0.282	0.186
4	6.564	2.509	2.384	1.214	0.091	1.835	1.873	-0.02	0.732	0.485	0.28	0.185
5	7.161	2.737	2.6	1.324	0.101	1.993	2.061	-0.029	0.728	0.483	0.278	0.184
6	7.758	2.965	2.817	1.407	0.105	2.019	2.158	0.151	0.681	0.454	0.26	0.174
7	9.548	3.65	3.467	1.738	0.129	2.529	2.645	0.16	0.693	0.462	0.265	0.176
8	6.564	2.509	2.384	1.269	0.087	1.839	1.791	0.11	0.733	0.478	0.28	0.183
9	7.161	2.737	2.6	1.352	0.101	1.964	2.062	0.026	0.717	0.472	0.274	0.18
10	48.935	18.704	17.769	9.049	0.671	13.154	13.778	0.557	0.703	0.466	0.269	0.178
11	38.193	14.598	13.868	7.062	0.522	10.303	10.735	0.414	0.706	0.468	0.27	0.179
12	24.468	9.352	8.884	4.497	0.333	6.496	6.847	0.372	0.695	0.461	0.265	0.176
13	36.403	13.914	13.218	6.897	0.517	9.841	10.607	0.185	0.707	0.465	0.27	0.178
14	37.597	14.37	13.651	6.952	0.519	10.004	10.635	0.483	0.696	0.461	0.266	0.176
15	47.742	18.248	17.335	8.938	0.672	12.775	13.795	0.375	0.7	0.462	0.268	0.177
16	34.016	13.001	12.351	6.345	0.476	9.099	9.755	0.319	0.7	0.462	0.267	0.177
17	22.677	8.668	8.234	4.304	0.324	6.116	6.643	0.103	0.706	0.463	0.27	0.177
18	29.839	11.405	10.834	5.517	0.412	7.936	8.458	0.369	0.696	0.461	0.266	0.176

续表

斗门	总引水量	斗门引水量	进入田间水量	降水量	潜水蒸发	蒸腾蒸发	入渗水量	土壤含水量变化量	耗水系数（扣除地表退水量）		耗水系数（不扣除地表退水量）	
									降水量不分割	降水量分割	降水量不分割	降水量分割
19	10.742	4.106	3.9	1.986	0.149	2.843	3.055	0.138	0.692	0.459	0.265	0.175
20	50.725	19.388	18.419	9.38	0.691	13.765	14.175	0.549	0.71	0.47	0.271	0.18
21	29.242	11.177	10.618	5.517	0.416	7.828	8.535	0.189	0.7	0.461	0.268	0.176
22	31.032	11.861	11.268	5.848	0.442	8.32	9.07	0.167	0.702	0.462	0.268	0.177
23	106.822	40.829	38.787	19.808	1.362	28.536	28.044	3.377	0.699	0.463	0.267	0.177
24	31.032	11.861	11.268	5.738	0.423	8.428	8.683	0.317	0.711	0.471	0.272	0.18
25	99.064	37.864	35.97	18.428	1.369	26.617	28.079	1.072	0.703	0.465	0.269	0.178
26	42.371	16.195	15.385	7.145	0.678	9.699	14.019	-0.51	0.599	0.409	0.229	0.156
27	119.354	45.619	43.338	20.387	1.785	27.638	37.08	0.792	0.606	0.412	0.232	0.157
28	38.193	14.598	13.868	6.373	0.548	8.976	11.376	0.436	0.615	0.421	0.235	0.161
29	45.951	17.563	16.685	7.752	0.673	10.657	13.976	0.477	0.607	0.414	0.232	0.158
30	73.403	28.056	26.653	12.58	1.094	17.266	22.704	0.356	0.615	0.418	0.235	0.16
31	61.467	23.494	22.319	10.593	0.925	14.424	19.203	0.211	0.614	0.416	0.235	0.159
32	44.161	16.879	16.035	7.504	0.655	10.213	13.608	0.373	0.605	0.412	0.231	0.158
33	51.322	19.616	18.635	8.828	0.774	11.842	16.084	0.311	0.604	0.41	0.231	0.157
34	105.628	40.373	38.354	17.987	1.583	24.031	32.916	0.977	0.595	0.405	0.228	0.155
35	113.983	43.566	41.388	19.283	1.645	26.777	34.204	1.335	0.615	0.419	0.235	0.16
36	77.58	29.652	28.17	13.242	1.143	18.455	23.724	0.375	0.622	0.423	0.238	0.162
37	28.645	10.949	10.401	4.911	0.427	6.726	8.863	0.149	0.614	0.417	0.235	0.16
38	7.161	2.737	2.6	1.241	0.108	1.72	2.23	0	0.628	0.425	0.24	0.163
39	14.322	5.474	5.201	2.372	0.205	3.228	4.251	0.299	0.59	0.405	0.225	0.155
40	21.484	8.211	7.801	3.669	0.281	6.375	5.763	-0.387	0.776	0.528	0.297	0.202
41	37	14.142	13.435	6.29	0.474	11.169	9.724	-0.696	0.79	0.538	0.302	0.206
42	102.048	39.004	37.054	16.994	1.272	30.479	26.119	-1.278	0.781	0.536	0.299	0.205
43	18.5	7.071	6.717	3.09	0.234	5.456	4.807	-0.223	0.772	0.529	0.295	0.202
44	45.951	17.563	16.685	7.752	0.583	13.816	11.971	-0.767	0.787	0.537	0.301	0.205
45	110.999	42.426	40.304	18.759	1.417	33.164	29.102	-1.786	0.782	0.533	0.299	0.204
46	130.096	49.725	47.238	21.766	1.634	38.933	33.572	-1.866	0.783	0.536	0.299	0.205

斗门	总引水量	斗门引水量	进入田间水量	降水量	潜水蒸发	蒸腾蒸发	入渗水量	土壤含水量变化量	耗水系数（扣除地表退水量）		耗水系数（不扣除地表退水量）	
									降水量不分割	降水量分割	降水量不分割	降水量分割
47	30.435	11.633	11.051	5.297	0.398	9.406	8.142	-0.802	0.809	0.547	0.309	0.209
48	38.193	14.598	13.868	6.455	0.485	11.476	9.965	-0.632	0.786	0.536	0.3	0.205
49	33.419	12.773	12.135	5.711	0.429	10.123	8.792	-0.641	0.793	0.539	0.303	0.206
50	47.742	18.248	17.335	8.028	0.605	14.296	12.422	-0.75	0.783	0.535	0.299	0.205
51	73.403	28.056	26.653	12.497	0.933	22.413	19.132	-1.462	0.799	0.544	0.305	0.208
52	65.048	24.862	23.619	10.952	0.814	19.761	16.708	-1.083	0.795	0.543	0.304	0.208
53	77.58	29.652	28.17	13.076	0.988	23.105	20.3	-1.171	0.779	0.532	0.298	0.203
54	95.483	36.495	34.67	16.276	1.237	28.585	25.41	-1.811	0.783	0.533	0.299	0.204
55	8.952	3.421	3.25	1.49	0.113	2.612	2.324	-0.082	0.763	0.523	0.292	0.2
56	41.177	15.739	14.952	8.331	0.593	11.636	12.087	0.154	0.739	0.475	0.283	0.181
57	64.451	24.634	23.402	12.994	0.931	18.147	18.851	0.239	0.737	0.474	0.282	0.181
58	8.355	3.193	3.034	1.655	0.119	2.285	2.422	0.048	0.716	0.463	0.274	0.177
59	18.5	7.071	6.717	3.669	0.262	5.014	5.404	0.24	0.709	0.459	0.271	0.175
60	53.709	20.528	19.502	11.035	0.786	15.399	16.038	0.588	0.75	0.479	0.287	0.183
61	66.838	25.547	24.269	13.573	1.027	18.879	19.703	-0.055	0.739	0.474	0.282	0.181
62	19.693	7.527	7.151	3.945	0.283	4.976	6.152	0.169	0.661	0.426	0.253	0.163
63	22.08	8.439	8.018	4.497	0.321	6.174	6.577	0.22	0.732	0.469	0.28	0.179
64	27.451	10.492	9.968	5.435	0.387	7.566	7.929	0.018	0.721	0.467	0.276	0.178
65	37.597	14.37	13.651	7.366	0.52	10.331	10.731	0.337	0.719	0.467	0.275	0.178
66	97.274	37.179	35.32	19.228	1.367	27.322	27.735	1.167	0.735	0.476	0.281	0.182
67	11.935	4.562	4.334	2.455	0.175	3.456	3.552	0.132	0.758	0.484	0.29	0.185
68	19.693	7.527	7.151	3.945	0.281	5.557	5.729	-0.096	0.738	0.476	0.282	0.182
69	2.984	1.14	1.083	0.635	0.045	0.884	0.921	0.025	0.775	0.489	0.296	0.187
70	20.29	7.755	7.367	4.11	0.296	5.588	6.047	-0.213	0.721	0.463	0.275	0.177
71	13.726	5.246	4.984	2.869	0.206	3.987	4.184	0.047	0.76	0.482	0.291	0.184
72	53.113	20.3	19.285	10.842	0.768	15.4	15.605	-0.554	0.759	0.486	0.29	0.186
73	48.935	18.704	17.769	9.821	0.7	13.719	14.28	-0.013	0.733	0.472	0.28	0.181
74	19.693	7.527	7.151	3.973	0.283	5.594	5.768	0.081	0.743	0.478	0.284	0.183

续表

斗门	总引水量	斗门引水量	进入田间水量	降水量	潜水蒸发	蒸腾蒸发	入渗水量	土壤含水量变化量	耗水系数（扣除地表退水量）		耗水系数（不扣除地表退水量）	
									降水量不分割	降水量分割	降水量不分割	降水量分割
75	42.967	16.423	15.602	8.58	0.616	12.009	12.57	0.056	0.731	0.472	0.279	0.18
76	38.79	14.826	14.085	7.752	0.552	10.86	11.278	0.267	0.733	0.472	0.28	0.181
77	55.5	21.213	20.152	11.035	0.783	15.564	15.985	0.322	0.734	0.474	0.28	0.181
78	63.854	24.406	23.186	12.828	0.91	18.02	18.544	0.601	0.738	0.475	0.282	0.182
79	48.338	18.476	17.552	9.821	0.698	13.741	14.218	0.309	0.744	0.477	0.284	0.182
80	73.403	28.056	26.653	14.732	1.049	20.545	21.394	0.168	0.732	0.472	0.28	0.18
81	85.935	32.846	31.203	17.821	1.152	26.728	23.551	1.054	0.814	0.518	0.311	0.198
82	79.37	30.337	28.82	16.47	1.022	24.493	21.084	0.794	0.807	0.514	0.309	0.196
83	49.532	18.932	17.985	10.318	0.066	15.697	1.592	11.723	0.829	0.527	0.317	0.201
84	56.096	21.441	20.369	11.752	0.758	17.637	15.475	-0.798	0.823	0.522	0.314	0.199
85	101.451	38.776	36.837	21.408	1.382	32.022	28.209	-0.339	0.826	0.522	0.316	0.2
86	29.839	11.405	10.834	6.29	0.389	9.378	8.029	0.113	0.822	0.52	0.314	0.199
87	99.064	37.864	35.97	20.497	1.34	30.035	27.445	-0.408	0.793	0.505	0.303	0.193
88	32.822	12.545	11.918	6.759	0.442	9.937	9.043	0.082	0.792	0.505	0.303	0.193
89	37	14.142	13.435	7.642	0.5	11.213	10.246	0.157	0.793	0.505	0.303	0.193
90	22.08	8.439	8.018	4.469	0.291	6.615	5.971	0.033	0.784	0.503	0.3	0.192
91	115.773	44.25	42.038	23.421	1.519	35.207	31.108	0.652	0.796	0.511	0.304	0.195
92	19.693	7.527	7.151	4.028	0.258	6.148	5.266	0.104	0.817	0.522	0.312	0.2
93	16.113	6.159	5.851	3.366	0.214	5.183	4.369	0.004	0.842	0.534	0.322	0.204
94	57.29	21.897	20.802	12	0.763	18.576	15.538	-0.489	0.848	0.538	0.324	0.206
95	53.113	20.3	19.285	11.09	0.709	16.938	14.45	-0.369	0.834	0.53	0.319	0.202
96	47.742	18.248	17.335	10.042	0.642	15.287	13.093	-0.234	0.838	0.53	0.32	0.203
97	45.951	17.563	16.685	9.518	0.615	14.321	12.568	-0.333	0.815	0.519	0.312	0.198
98	66.838	25.547	24.269	13.711	0.887	20.59	18.145	-0.103	0.806	0.515	0.308	0.197
99	142.031	54.286	51.572	28.966	1.881	43.187	38.523	0.403	0.796	0.509	0.304	0.195
100	91.903	35.127	33.37	18.621	1.2	28.295	24.544	0.146	0.806	0.517	0.308	0.198
101	56.693	21.669	20.586	9.876	0.778	15.288	16.049	-0.097	0.706	0.477	0.27	0.182
102	134.273	51.321	48.755	23.394	1.876	35.826	38.62	-0.421	0.698	0.472	0.267	0.18

续表

斗门	总引水量	斗门引水量	进入田间水量	降水量	潜水蒸发	蒸腾蒸发	入渗水量	土壤含水量变化量	耗水系数（扣除地表退水量）		耗水系数（不扣除地表退水量）	
									降水量不分割	降水量分割	降水量不分割	降水量分割
103	151.58	57.936	55.039	26.456	2.114	40.176	43.553	−0.12	0.693	0.468	0.265	0.179
104	43.564	16.651	15.818	7.697	0.617	11.627	12.711	−0.205	0.698	0.47	0.267	0.18
105	54.903	20.985	19.935	9.518	0.748	14.803	15.424	−0.026	0.705	0.477	0.27	0.182
106	75.193	28.74	27.303	12.994	1.021	20.244	21.042	0.031	0.704	0.477	0.269	0.182
107	73.403	28.056	26.653	12.745	0.997	19.992	20.551	−0.148	0.713	0.482	0.272	0.184
108	44.758	17.107	16.252	7.669	0.596	12.107	12.299	0.111	0.708	0.481	0.271	0.184
109	100.257	38.32	36.404	17.518	1.385	27.02	28.528	−0.241	0.705	0.476	0.27	0.182
110	50.129	19.16	18.202	8.828	0.701	13.541	14.433	−0.244	0.707	0.476	0.27	0.182
111	118.757	45.391	43.121	20.966	1.672	31.982	34.418	−0.64	0.705	0.474	0.269	0.181
112	28.048	10.72	10.184	5.021	0.38	7.58	7.821	0.185	0.707	0.474	0.27	0.181
113	100.854	38.548	36.621	17.601	1.386	27.341	28.568	−0.302	0.709	0.479	0.271	0.183
114	122.935	46.987	44.638	21.214	1.66	33.203	34.21	0.099	0.707	0.479	0.27	0.183
115	25.661	9.808	9.318	4.469	0.349	7.013	7.201	−0.078	0.715	0.483	0.273	0.185
116	15.516	5.93	5.634	2.676	0.208	4.227	4.288	0.003	0.713	0.483	0.272	0.185
117	5.968	2.281	2.167	1.021	0.081	1.572	1.664	0.032	0.689	0.468	0.263	0.179
118	10.742	4.106	3.9	1.821	0.142	2.87	2.925	0.019	0.699	0.477	0.267	0.182
119	8.355	3.193	3.034	1.435	0.112	2.274	2.293	0.012	0.712	0.484	0.272	0.185
120	16.71	6.387	6.067	2.869	0.222	4.558	4.577	0.024	0.714	0.485	0.273	0.185
合计	5965.313	2280.032	2166.03	1106.381	81.398	1667.196	1671.546	14.173	0.731	0.484	0.279	0.185

第五章 结论与建议

随着流域社会、经济、生态环境需水量的增长，黄河流域是我国水资源最紧缺的地区之一，这已是不争的事实。自20世纪90年代以来，黄河的来水量呈逐年减少的趋势，特别是进入20世纪90年代以来黄河来水量减少了10%左右，致使本已用水紧张的黄河流域下游出现连续断流，给下游地区造成了巨大的经济、社会、生态环境损失。在这种背景下，历史上一直采用大引大排的甘肃和青海等引黄灌区的引、耗用黄河水量情况也就成为社会各界关注的焦点之一。为此，研究青海引黄灌区耗水情况，并采用水均衡模型来精确地估算和分析灌区耗水量，并由此计算其耗水系数就显得十分重要。

5.1 结　论

本书在对灌区耗水量研究现状分析的基础上，采用基于物理机制的 SWAT 模型来模拟灌区的耗水量及水量转化关系，并将其分别运用于引黄灌区的景电灌区和大峡渠灌区，并分别从典型地块和整个灌区的角度来揭示灌区耗水量及耗水系数的不同，从而为灌区的水资源高效利用及节约用水提供理论依据。本书的主要成果如下：

（1）对于景电灌区而言，除直滩所和海子滩外，蒸腾蒸发量占灌溉水量的比例位于75%~80%，表明灌溉水量约有 75%~80%用于作物消耗，而 20%~25%直接用于下渗或形成地表径流，而降雨对于作物生长的作用没有很好地发挥，主要用于通过入渗进而补给地下水。

（2）对于景电灌区而言，灌溉水入渗是地下水补给的主要来源，因此，在灌溉季节，地下水位明显上升，下渗水量占灌溉水量的 60%~70%，深层渗漏量约占灌溉水量的20%，而这也从另外一个角度表明灌区的灌溉水量偏大，从而造成大量的灌溉水入渗，地下水位升高，灌溉水利用率较低。

（3）对于耗水量的分析，分别从作物可吸收利用的角度及整个灌区管理的角度出发进行分析。从作物可吸收利用及作物耗水的角度而言，只有进入到田间地块的水才可被利用，而灌区的地表退水对作物的吸收利用不起任何作用；从整个灌区管理的角度出发，综合考虑地表退水的因素，可为灌区水资源管理提供理论依据；在此基础上，进一步考虑降水量在作物耗水量中的作用，并按照降水量占进入到田间所有水量的比例扣除降水所导致的蒸腾蒸发量。计算结果表明，从进入到田间水量的角度出发，扣除地表退水后，在不扣除降水量和扣除降水量后的耗水系数分别为 0.731 和 0.484；而从大峡渠灌区全部引水量的角度出发，耗水系数分别为 0.279 和 0.185。

（4）对影响灌区耗水系数的因素进行分析表明，当灌区采用充分灌溉时，其作物蒸腾蒸发量变化不大，影响耗水系数最主要的原因为进入到田间地块的水量，当进入到田间地块水量较多时，则多余的水通过入渗等形式补给地下水；以大峡渠灌区为例，进入田间地块的水量为 2166.03 亿 m^3，而作物消耗的水量仅为 1671.546 亿 m^3，其余部分均补给地下水或者排泄给河流；虽然从耗水量的角度而言，该部分水最终会回归黄河，但是，该部分水并不能为作物所利用吸收，属无效引水。因此，从作物利用效率的角度而言，可以减少引水量。

5.2　建　　议

（1）以地下水监测资料作为模拟标准时，模拟结果不理想。对于景电灌区而言，地下水埋深较大，少量灌溉对地下水补给几乎无影响；对于大峡渠灌区而言，地下水水位更多地受到地表水体或者相邻地块的灌溉水影响，不能真正反映典型地块的灌溉水分回归过程；

（2）观测方案在最初拟定时，没有考虑土壤各层作物根密度和干容重、水分常数等，故模拟中参考了同类地区的相关参数进行模拟，可能带来一定的误差；

（3）部分灌区作物生长期时间划分不明确，可能带来一定的模拟误差。

参 考 文 献

蔡明科, 魏晓妹, 粟晓玲. 2007. 灌区耗水量变化对地下水均衡影响研究. 灌溉排水学报, 26 (4): 16～20

陈建耀, 吴凯. 1997. 利用大型蒸渗仪分析潜水蒸发对农田蒸散量的影响. 地理学报, (5): 439～446

从振涛, 雷志栋, 杨诗秀, 北京. 2004. 基于 spac 理论的田间腾发量计算模式. 农业工程学报, 20 (2): 6～9

崔远来, 熊佳. 2009. 灌溉水利用效率指标研究进展. 水科学进展, 20 (4): 590～598

崔远来, 董斌, 邓莉. 2002. 漳河灌区灌溉用水量及水分生产率变化分析. 灌溉排水学报, 21 (4): 4～8

冯东溥. 2013. 灌区供需水量对变化环境的响应及农业用水安全评价. 西北农林科技大学硕士研究生学位论文

高海东, 李占斌, 贾莲莲, 李鹏. 2012. 利用 sebal 模型估算不同水土保持措施下的流域蒸腾蒸发量——以韭园沟、裴家峁流域为例. 土壤学报, 49 (2): 260～268

葛帆, 王钊. 2004. 蒸渗仪及其应用现状. 节水灌溉, (2): 30～32

葛建坤, 罗金耀, 李小平. 2009. 滴灌大棚茄子需水量计算模型的定量分析比较. 灌溉排水学报, 28 (5): 86～88

郝芳华, 欧阳威, 岳勇, 杨志峰, 李鹏. 2008. 内蒙古农业灌区水循环特征及对土壤水运移影响的分析. 环境科学学报, 28 (5): 825～831

胡安焱, 董新光, 刘燕, 周金龙. 2006. 零通量面法计算土壤水分腾发量研究. 干旱地区农业研究, 24 (2): 119～121

胡士辉, 陈巧红, 张桂花, 黎明哲. 2012. 黄河流域水资源利用趋势分析. 水资源与水工程学报, 23 (2): 115～118

黄妙芬. 2001. 绿洲荒漠交界处波文比能量平衡法适用性的气候学分析. 干旱区地理, 24 (3): 67～72

黄小涛, 罗格平. 2017. 天山北坡低山丘陵干草原生长季蒸散特征. 干旱区地理 (汉文版), (6): 1198～1206

黄晓荣. 2010. 灌区水循环模拟研究进展. 水资源与水工程学报, 21 (2): 53～55

季辰, 朱忠礼, 徐自为. 2016. 高精度称量式蒸渗仪数据处理方法研究. 北京师范大学学报 (自然科学版), 52 (5): 628～634

贾大林, 姜文来. 2000. 试论提高农业用水效率. 节水灌溉, (5): 18～21

姜鹏, 刘俊民, 黄一帆, 张殷钦. 2014. 泾惠渠地下水对气候变化和人类活动的响应. 人民黄河, 36 (5): 45～47

蒋任飞. 2007. 基于四水转化的灌区耗水量计算模型研究. 中国水利水电科学研究院硕士研究生学位论文

蒋任飞, 阮本清. 2010a. 灌区耗水量计算模型实证研究. 人民黄河, 32 (10): 98～101

蒋任飞，阮本清. 2010b. 基于四水转化的灌区耗水量计算模型研究. 人民黄河，32（5）：68～71

康绍忠. 1994. 土壤-植物-大气连续体水分传输理论及其应用. 北京：水利电力出版社

李金标，王刚，李相虎，马金珠. 2008. 石羊河流域近50a来气候变化与人类活动对水资源的影响. 干旱区资源与环境，22（2）：75～80

李鹏. 2014. 变化环境对灌区水循环的影响研究. 西北农林科技大学硕士研究生学位论文

李想，刘晓岩. 2008. 水量统一调度以来黄河流域水资源利用情况分析. 水文，28（2）：93～96

刘昌明. 1999. 土壤-作物-大气界面水分过程与节水调控. 北京：科学出版社

刘昌明，张喜英，胡春胜. 2009. Spac界面水分通量调控理论及其在农业节水中的应用. 北京师范大学学报（自然科学版），45（5）：446～451

刘春成，朱伟，庞颖，李香萍，高峰，冯保清. 2013. 区域灌溉水利用率影响主因分析. 灌溉排水学报，32（4）：40～43

刘士平，杨建锋，李宝庆，李运生. 2000. 新型蒸渗仪及其在农田水文过程研究中的应用. 水利学报，（3）：29～36

罗毅，欧阳竹，于路，唐登银. 2001 Spac系统中水热CO_2通量与光合作用的综合模型（Ⅱ）：模型验证. 水利学报，32（3）：58～63

吕文星，周鸿文，马向东，刘东旭，王玉明，李东等. 2015. 青海典型灌区土壤物理特征对作物耗水的影响. 人民黄河，37（11）：142～148

马欢. 2011. 人类活动影响下海河流域典型区水循环变化分析. 清华大学博士研究生学位论文

毛晓敏，杨诗秀，雷志栋. 1998. 叶尔羌灌区冬小麦生育期Spac水热传输的模拟研究. 水利学报，29（7）：35～40

闵骞. 2001. 利用彭曼公式预测水面蒸发量. 水利水电科技进展，21（1）：37～39

牛文臣，韩振中，徐建新. 1992. 用区域水量平衡法估算农业用水量. 水利学报，（1）：31～36

彭少明，王煜，蒋桂芹. 2017. 黄河流域主要灌区灌溉需水与干旱的关系研究. 人民黄河，39（11）：5～10

强小嫚，蔡焕杰，王健. 2009. 波文比仪与蒸渗仪测定作物蒸发蒸腾量对比. 农业工程学报，25（2）：12～17

秦大庸，于福亮，裴源生. 2003. 宁夏引黄灌区耗水量及水均衡模拟. 资源科学，25（6）：19～24

司建华，冯起，张小由，张艳武，苏永红. 2005. 植物蒸散耗水量测定方法研究进展. 水科学进展，16（3）：450～459

孙宏勇，张喜英，张永强，刘昌明. 2002. 用micro-lysimeters和大型蒸渗仪测定夏玉米蒸散的研究. 干旱地区农业研究，20（4）：72～75

孙静，阮本清，蒋任飞. 2006. 宁夏引黄灌区参考作物蒸发蒸腾量及其气候影响因子的研究. 灌溉排水学报，25（1）：54～57

汪洋，安沙舟. 2018. 干旱区内陆河流域典型灌区土地利用变化与耗水量研究. 新疆农业科学，55（02）：362～370

王林林，马文杰，马德新，王玉，丁兆堂. 2017. 参考作物蒸腾蒸发量计算方法及其评价. 农业网络信息，（4）：27～29

王少丽，Randin N. 2000. 相关分析在水量平衡计算中的应用. 中国农村水利水电，（4）：46～49

王怡宁，朱月灵. 2018. 蒸渗仪国内外应用现状及研究趋势. 水文，38（1）：81～85

魏子涵，魏占民，张健，梁天雨，高红艳，付晨星. 2015. 区域灌溉水利用效率测算分析. 水土保持研究，22（6）：203～207

吴炳方，邵建华. 2006. 遥感估算蒸腾蒸发量的时空尺度推演方法及应用. 水利学报，37（3）：286～292

吴辰，王国庆，郝振纯，谷一，刘佩瑶，杨勤丽. 2017. 长武塬区实际蒸散发变化及驱动因素分析. 水资源与水工程学报，28（5）：37～42

吴友杰. 2017. 基于稳定同位素的覆膜灌溉农田 SPAC 水分传输机制与模拟. 中国农业大学博士研究生学位论文

肖素君，王煜，张新海，张会言. 2002. 沿黄省（区）灌溉耗用黄河水量研究. 灌溉排水学报，21（3），60～63.

邢大韦，张玉芳，粟晓玲. 2006. 陕西省关中灌区灌溉耗水量与耗水结构. 水利与建筑工程学报，4（1）：6～8

许成成，许光泉，陈要平，仇帅，李毅. 2018. 新型地中蒸渗仪在室内模拟蒸发降水入渗试验中应用研究. 地下水，A0（2）：127～129

薛松贵，张会言. 2011. 黄河流域水资源利用与保护问题及对策. 人民黄河，33（11）：32～34

闫浩芳，张川，大上博基，王国庆. 2014. 基于冠层顶端水面蒸发估算水稻蒸腾蒸发量及冠层下土面蒸发. 灌溉排水学报，33（z1）：11～15

杨立彬，贾新平，李清杰，王慧杰. 2011. 黄河流域水资源利用与保护现状评价. 人民黄河，33（11）：55～57

杨宪龙，魏孝荣，邵明安. 2017. 不同规格微型蒸渗仪测定土壤蒸发的试验研究. 土壤通报，48（2）：343～350

杨兴国，杨启国，柯晓新，张旭东. 2004. 旱作春小麦蒸散量测算方法的比较. 中国沙漠，24（5）：651～656

岳卫峰，杨金忠，占车生. 2011. 引黄灌区水资源联合利用耦合模型. 农业工程学报，27（4）：35～40

翟浩辉. 2001. 灌区节水任重道远——关于宁夏、内蒙古引黄灌区节水工作的调研报告. 中国农村水利水电，1（6）：1～4

张明生，王丰，张国平. 2005. 中国农业用水存在的问题及节水对策. 农业工程学报，21（s1）：1～6

张学成. 2006. 黄河流域水资源调查评价. 郑州：黄河水利出版社

张学成，刘昌明，李丹颖. 2005. 黄河流域地表水耗损分析. 地理学报，60（1）：79～86

张永勤，彭补拙，缪启龙，向毓意. 2001. 南京地区农业耗水量估算与分析. 长江流域资源与环境，10（5）：413～418

赵超，刘光生，杨金艳. 2018. 苏州市水资源变化与主要驱动因素分析. 武汉大学学报（工学版），（4）：290～298

赵凤伟，魏晓妹，粟晓玲. 2006. 灌区耗水量问题初探. 节水灌溉，（1）：25～27

周鸿文，袁华，吕文星，刘东旭. 2015. 黄河流域耗水系数评价指标体系研究. 人民黄河，37（12）：46～49

周志轩. 2009. 宁夏青铜峡灌区耗水量研究. 宁夏大学博士研究生学位论文

周志轩, 王艳芳, 杜鹏. 2010. 青铜峡灌区耗水量及其变化规律浅析. 现代节水高效农业与生态灌区建设

朱延华. 1997. 黄河流域水资源利用及对下游环境生态影响的初步分析. 国家环保局黄河断流生态环境影响及对策研讨会

Allen R G, Pruitt W O, Wright J L, Howell T A, Ventura F, Snyder R, et al. 2006. A recommendation on standardized surface resistance for hourly calculation of reference, by the fao-56 penman-monteith method. Agricultural Water Management, 81 (1): 1~22

Anderson R G, Lo M H, Famiglietti J S. 2017. Assessing surface water consumption using remotely-sensed groundwater, evapotranspiration, and precipitation. Geophysical Research Letters, 39 (16): 118~120

Beguería S, Vicente-Serrano S M. 2017. Calculation of the standardised precipitation-evapotranspiration index. RiskDecision Analysis, 4 (4): 25~38

Blad B L., Rosenberg N J. 1974. Lysimetric calibration of the bowen ratio-energy balance method for evapotranspiration estimation in the central great plains. Journal of Applied Meteorology, 13 (2): 227~236

Djaman K, Rudnick D, Mel V C, Mutiibwa D, Diop L, Sall M, et al. 2017. Evaluation of valiantzas' simplified forms of the FAO-56 penman-monteith reference evapotranspiration model in a humid climate. Journal of Irrigation and Drainage Engineering, 143 (8): 97~106

Doležal F, Hernandez-Gomis R, Matula S, Gulamov M, Miháliková M, Khodjaev S. 2018. Actual evapotranspiration of unirrigated grass in a smart field lysimeter. Vadose Zone Journal, 17 (1)

Edwards W R N, Warwick N W M. 1984. Transpiration from a kiwifruit vine as estimated by the heat pulse technique and the penman-monteith equation. New Zealand Journal of Agricultural Research, 27 (4): 537~543

Feng Y, Cui N, Zhao L, Gong D, Zhang K. 2017. Spatiotemporal variation of reference evapotranspiration during 1954–2013 in southwest china. Quaternary International, 441

Fisher J B, Melton F, Middleton E, Hain C, Anderson M, Allen R, et al. 2017. The future of evapotranspiration: global requirements for ecosystem functioning, carbon and climate feedbacks, agricultural management, and water resources. Water Resources Research, 53 (4)

Hartog G D, Neumann H H, King K M, Chipanshi A C. 1994. Energy budget measurements using eddy correlation and bowen ratio techniques at the kinosheo lake tower site during the northern wetlands study. Journal of Geophysical Research Atmospheres, 99 (D1): 1539~1549

Hipolito M N, Jose G Y, Jorge B S, Elizabeth G G, Rafael V Q. 2018. Quantification of water balance using a lysimeter in mexico, 10 (3): 24~32

Jiang Y, Weng Q. 2017. Estimation of hourly and daily evapotranspiration and soil moisture using downscaled lst over various urban surfaces. Mapping SciencesRemote Sensing, 54 (1): 95~117

Khoshravesh M, Sefidkouhi M A G, Valipour M. 2017. Estimation of reference evapotranspiration using multivariate fractional polynomial, bayesian regression, and robust regression models in three arid environments. Applied Water Science，7（4）：1911~1922

Kun Á，Bozán C，Oncsik M B，Barta K. 2018. Evaluating of wastewater irrigation in lysimeter experiment through energy willow yields and soil sodicity. Carpathian Journal of EarthEnvironmental Sciences，13（1）：77~84

López P，Sutanudjaja E H，Schellekens J，Sterk G，Bierkens M F P. 2017. Calibration of a large-scale hydrological model using satellite-based soil moisture and evapotranspiration products. HydrologyEarth System Sciences，21（6）：1~39

Malek E，Bingham G E 1993. Comparison of the bowen ratio-energy balance and the water balance methods for the measurement of evapotranspiration. Journal of Hydrology，48（2-3）：167~178

Obada E，Alamou E，Chabi A，Zandagba J，Afouda A. 2017. Trends and changes in recent and future penman-monteith potential evapotranspiration in Benin（West Africa）. 4（3）：38

Oweis T Y，Farahani H J，Hachum A Y. 2018. Evapotranspiration and water use of full and deficit irrigated cotton in the mediterranean environment in northern syria. Agricultural Water Management，98（8）：1239~1248

Raoufi R，Beighley E. 2017. Estimating daily global evapotranspiration using penman-monteith equation and remotely sensed land surface temperature. Remote Sensing，9（11）：1138

Spittlehouse D L，Black T A. 1980. Evaluation of the bowen ratio/energy balance method for determining forest evapotranspiration. Atmosphere，18（2）：98~116

Teuling A J. 2018. A forest evapotranspiration paradox investigated using lysimeter data. Vadose Zone Journal，17（1）

Todd R W，Evett S R，Howell T A. 2000. The bowen ratio-energy balance method for estimating latent heat flux of irrigated alfalfa evaluated in a semi-arid，advective environment. AgriculturalForest Meteorology，103（4）：335~348

Valipour M. 2017. Analysis of potential evapotranspiration using limited weather data. Applied Water Science，7（1）：1~11

Xu L，Pyles R D，Kt P U，Snyder R L，Monier E，Falk M，et al. 2017. Impact of canopy representations on regional modeling of evapotranspiration using the wrf-acasa coupled model. Agricultural Forest Meteorology，247

Yang Y，Anderson M C，Gao F，Hain C R，Semmens K A，Kustas W P，et al. 2017. Daily landsat-scale evapotranspiration estimation over a forested landscape in north Carolina，USA，using multi-satellite data fusion. Hydrology Earth System Sciences，21（2）：1~45